天津市安装工程预算基价

第九册 通风、空调工程

DBD 29-309-2020

天津市住房和城乡建设委员会
天津市建筑市场服务中心 主编

中国计划出版社

目 录

册 说 明

一、本册基价包括碳钢通风管道制作、安装,调节阀安装,风口安装,风帽制作、安装,罩类制作、安装,消声器制作、安装,空调部件及设备支架制作、安装,通风空调设备安装,净化通风管道及部件制作、安装,不锈钢板通风管道及部件制作、安装,铝板通风管道及部件制作、安装,塑料通风管道及部件制作、安装,玻璃钢通风管道及部件安装,复合型风管制作、安装,人防设备安装,共15章,454条基价子目。

二、本册基价适用于新建、扩建工程中的通风空调工程。

三、本册基价以国家和有关工业部门发布的现行产品标准、设计规范、施工及验收技术规范、技术操作规程、质量评定标准和安全操作规程为依据。

四、本册基价中的通风设备、除尘设备为专供通风工程配套的各种风机及除尘设备。其他工业用风机(如热力设备用风机)及除尘设备安装应参照本基价第一册《机械设备安装工程》DBD 29-301-2020及第三册《热力设备安装工程》DBD 29-303-2020中有关子目。

五、本册基价内容中不包括管道及支架的除锈、油漆,管道的防腐蚀、绝热等内容,应根据设计要求参照本基价第十一册《刷油、防腐蚀、绝热工程》DBD 29-311-2020中有关子目。

1.薄钢板风管刷油按其工程量执行相应基价子目,仅外(或内)面刷油者基价乘以系数1.20,内外均刷油者基价乘以系数1.10(其法兰加固框、吊托支架已包括在此系数内)。

2.薄钢板部件刷油按其工程量执行金属结构刷油子目,基价乘以系数1.15。

3.未包括在风管工程量内而单独列项的各种支架(不锈钢吊托支架除外)的刷油工程按其工程量执行相应基价子目。

4.薄钢板风管、部件以及单独列项的支架,其除锈不分锈蚀程度,一律按其第一遍刷油的工程量执行本基价第十一册《刷油、防腐蚀、绝热工程》DBD 29-311-2020中除轻锈的子目。

六、风管及部件在加工厂预制的,其场外运费按其工程量执行相应基价子目。

七、下列项目按系数分别计取:

1.系统调整费按系统工程人工费的7%计取,其中人工费占35%。包括漏风量测试和漏光法测试费用。

2.脚手架措施费按分部分项工程费中人工费的4%计取,其中人工费占35%。

3.建筑物超高增加费,是指在高度为6层或20m以上的工业与民用建筑施工时增加的费用,用包括6层或20m以内(不包括地下室)的分部分项工程费中人工费为计算基数,乘以下表系数(其中人工费占65%)。

建筑物超高增加费系数表

层　　　数	9层以内(30m)	12层以内(40m)	15层以内(50m)	18层以内(60m)	21层以内(70m)	24层以内(80m)	27层以内(90m)	30层以内(100m)	33层以内(110m)	36层以内(120m)
以人工费为计算基数	0.01	0.02	0.03	0.05	0.07	0.09	0.11	0.13	0.15	0.17

注:120m以外可参照此表相应递增。

4. 本册基价的操作高度是按距离楼地面 6m 考虑的。操作高度距离楼地面超过 6m 时,操作高度增加费按超过部分人工费乘以系数 0.20 计取,全部为人工费。

5. 安装与生产同时进行降效增加费按分部分项工程费中人工费的 10% 计取,全部为人工费。

6. 在有害身体健康的环境中施工降效增加费按分部分项工程费中人工费的 10% 计取,全部为人工费。

八、本册基价中人工费、材料费、机械费凡未按制作和安装分别列出的,其制作费与安装费的比例可按下表划分。

通风空调设备、管道及部件制作费与安装费比例划分表

章　号	项　　目	制作占百分比(%)			安装占百分比(%)		
		人　工	材　料	机　械	人　工	材　料	机　械
第一章	碳钢通风管道制作、安装	60	95	95	40	5	5
第一章	镀锌薄钢板共板法兰通风管道制作、安装	40	95	95	60	5	5
第二章	调节阀安装	—	—	—	100	100	100
第三章	风口安装	—	—	—	100	100	100
第四章	风帽制作、安装	75	80	99	25	20	1
第五章	罩类制作、安装	78	98	95	22	2	5
第六章	消声器制作、安装	—	—	—	—	—	—
第七章	空调部件及设备支架制作、安装	86	98	95	14	2	5
第八章	通风空调设备安装	—	—	—	100	100	100
第九章	净化通风管道及部件制作、安装	60	85	95	40	15	5
第十章	不锈钢板通风管道及部件制作、安装	72	95	95	28	5	5
第十一章	铝板通风管道及部件制作、安装	68	95	95	32	5	5
第十二章	塑料通风管道及部件制作、安装	85	95	95	15	5	5
第十三章	玻璃钢通风管道及部件安装	—	—	—	100	100	100
第十四章	复合型风管制作、安装	60	—	99	40	100	1

第一章　碳钢通风管道制作、安装

说　明

一、本章适用范围：碳钢通风管道制作、安装，柔性软风管安装，软管接头制作、安装，抗震支架安装及通风管道场外运输。

二、整个通风系统设计采用渐缩管均匀送风者，圆形风管按平均直径、矩形风管按平均周长参照相应规格子目，其人工工日乘以系数2.50。

三、镀锌薄钢板风管子目中的板材是按镀锌薄钢板编制的，如设计要求不用镀锌薄钢板者，板材可以换算，其他不变。

四、风管导流叶片不分单叶片和香蕉形双叶片均执行同一子目。

五、如制作空气幕送风管时，按矩形风管平均周长执行相应风管规格子目，其人工工日乘以系数3.00，其余不变。

六、薄钢板通风管道制作安装子目中，包括弯头、三通、变径管、天圆地方等管件及法兰、加固框和吊托支架的制作用工，但不包括过跨风管落地支架。落地支架执行设备支架子目。

七、薄钢板风管子目中的板材，如与设计要求厚度不同者可以换算，但人工费、机械费不变。

八、软管接头使用人造革而不使用帆布者可以换算。

九、子目中的法兰垫料如与设计要求使用的材料品种不同者可以换算，但人工不变。使用泡沫塑料者每千克橡胶板换算为泡沫塑料0.125kg；使用闭孔乳胶海绵者每千克橡胶板换算为闭孔乳胶海绵0.5kg。

十、柔性软风管适用于由金属、涂塑化纤织物、聚酯、聚乙烯、聚氯乙烯薄膜、铝箔等材料制成的软风管。

工程量计算规则

一、风管制作、安装按设计图示尺寸以展开面积计算。检查孔、测定孔、送风口、吸风口所占面积不扣除。风管展开面积不包括风管、管口重叠部分面积。

二、风管长度计算时一律以设计图示中心线长度为准(主管与支管以其中心线交接点划分),包括弯头、三通、变径管、天圆地方等管件的长度,但不包括部件所占的长度。

三、弯头导流叶片制作、安装按设计图示叶片的面积计算。

四、风管检查孔制作、安装按设计图示尺寸计算质量。

五、温度、风量测定孔制作、安装依据其型号,按设计图示数量计算。

六、柔性软风管安装按设计图示中心线长度计算;柔性软风管阀门安装按设计图示数量计算。

七、软管(帆布)接口制作、安装按设计图示尺寸,以展开面积计算。

八、抗震支架安装依据类型按设计图示数量计算。

九、风管场外运输按薄钢板通风管道、静压箱、罩类等按设计图示尺寸,以展开面积计算。

一、镀锌薄钢板风管制作、安装
1.圆形风管

工作内容:1.制作:放样、下料、卷圆、轧口、咬口、制作直管、管件、法兰、吊托支架、钻孔、铆焊、上法兰、组对。2.安装:找标高、打支架墙洞、
配合预留孔洞、埋设吊托支架、组装、风管就位、找平、找正、制垫、加垫、上螺栓、紧固。

单位:10m²

编　　号			9-1	9-2	9-3	9-4	9-5
项　　目			镀锌薄钢板圆形风管(δ＝1.2mm以内咬口)				
			直径(mm以内)				
			320	450	1000	1250	2000
预算基价	总　　　价(元)		**1624.93**	**1395.14**	**1083.67**	**1150.97**	**1354.66**
	人　工　费(元)		1447.20	1189.35	891.00	949.05	1127.25
	材　料　费(元)		128.76	174.74	177.80	188.15	218.16
	机　械　费(元)		48.97	31.05	14.87	13.77	9.25
组　成　内　容		单位	单价	数　　　量			
人工	综合工	工日	135.00	10.72	8.81	6.60	7.03	8.35
材料	镀锌钢板	m²	—	(11.38)(δ0.5)	(11.38)(δ0.6)	(11.38)(δ0.75)	(11.38)(δ1)	(11.38)(δ1.2)
	热轧角钢 ＜60	t	3721.43	0.00089	0.03160	0.03271	0.03302	0.03393
	热轧角钢 ＞63	t	3649.53	—	—	0.00233	0.00254	0.00319
	热轧扁钢 ＜59	t	3665.80	0.02064	0.00356	0.00215	0.00393	0.00927
	圆钢 D5.5～9.0	t	3896.14	0.00293	0.00190	0.00075	0.00059	0.00012
	圆钢 D10～14	t	3926.88	—	—	0.00121	0.00213	0.00490
	精制六角带帽螺栓 M6×(30～50)	10套	1.73	8.500	7.167	—	—	—
	精制六角带帽螺栓 M8×(30～50)	10套	2.60	—	—	5.150	4.838	3.900
	膨胀螺栓 M12	套	1.75	2.00	2.00	1.50	1.38	1.00
	橡胶板 δ1～3	kg	11.26	1.40	1.24	0.97	0.96	0.92
	电焊条 E4303 D3.2	kg	7.59	0.42	0.34	0.15	0.14	0.09
	乙炔气	kg	14.66	0.03	0.04	0.05	0.05	0.06
	氧气	m³	2.88	0.08	0.12	0.14	0.15	0.18
	铁铆钉	kg	9.22	—	0.27	0.21	0.19	0.14
	电	kW·h	0.73	0.423	0.640	0.667	0.888	0.729
	尼龙砂轮片 D400	片	15.64	0.015	0.023	0.024	0.032	0.026
机械	交流弧焊机 21kV·A	台班	60.37	0.16	0.13	0.04	0.04	0.02
	台式钻床 D16	台班	4.27	0.69	0.58	0.43	0.41	0.35
	法兰卷圆机 L40×4	台班	33.91	0.50	0.32	0.17	0.14	0.05
	剪板机 6.3×2000	台班	238.00	0.04	0.02	0.01	0.01	0.01
	卷板机 2×1600	台班	230.33	0.040	0.020	0.010	0.010	0.010
	咬口机 1.5	台班	16.91	0.04	0.03	0.01	0.01	0.01

2.矩 形 风 管

工作内容: 1.制作:放样、下料、折方、轧口、咬口,制作直管、管件、吊托支架,钻孔、焊接、组对。 2.安装:找标高、打支架墙洞、配合预留孔洞、埋设吊托支架,组装、风管就位、找平、找正、加密封胶条、上角码、弹簧夹、螺栓、紧固。

单位:10m²

编　　号			9-6	9-7	9-8	9-9	9-10	9-11
项　　目			镀锌薄钢板矩形风管(δ＝1.2mm以内咬口)					
			长边长(mm以内)					
			320	450	1000	1250	2000	4000
预算基价	总　　价(元)		**1372.24**	**1017.73**	**837.96**	**883.86**	**1017.10**	**1064.57**
	人 工 费(元)		1085.40	791.10	594.00	626.40	722.25	757.35
	材 料 费(元)		241.47	199.35	227.78	241.92	283.56	295.93
	机 械 费(元)		45.37	27.28	16.18	15.54	11.29	11.29
组 成 内 容		单位	单价			数　　量			
人工	综合工	工日	135.00	8.04	5.86	4.40	4.64	5.35	5.61
材料	镀锌钢板	m²	—	(11.38)(δ0.5)	(11.38)(δ0.6)	(11.38)(δ0.75)	(11.38)(δ1)	(11.38)(δ1.2)	(11.38)(δ1.2)
	热轧角钢 ≤50×5	t	3752.16	0.04042	0.03566	0.03504	0.03757	0.04514	0.04740
	热轧角钢 63	t	3767.43	—	—	0.00016	0.00019	0.00026	0.00027
	热轧槽钢 5#～16#	t	3587.47	—	—	0.015	0.017	0.021	0.022
	热轧扁钢 ＜59	t	3665.80	0.00215	0.00133	0.00112	0.00110	0.00102	0.00102
	圆钢 D5.5～9.0	t	3896.14	0.00135	0.00193	0.00149	0.00114	0.00008	0.00008
	圆钢 D10～14	t	3926.88	—	—	—	—	0.00185	0.00185
	精制六角带帽螺栓 M6×(30～50)	10套	1.73	16.900	—	—	—	—	—
	精制六角带帽螺栓 M8×(30～50)	10套	2.60	—	9.050	4.300	4.063	3.350	3.350
	膨胀螺栓 M12	套	1.75	2.00	1.50	1.50	1.38	1.00	1.00
	橡胶板 δ1～3	kg	11.26	1.84	1.30	0.92	0.89	0.81	0.81
	电焊条 E4303 D3.2	kg	7.59	2.24	1.06	0.49	0.45	0.34	0.36
	铁铆钉	kg	9.22	0.43	0.24	0.22	0.22	0.22	0.23
	乙炔气	kg	14.66	0.05	0.05	0.05	0.05	0.06	0.06
	氧气	m³	2.88	0.15	0.14	0.14	0.14	0.17	0.18
	电	kW·h	0.73	0.759	0.673	0.653	0.835	0.691	0.691
	砂轮片 D400	片	19.56	0.027	0.024	0.023	0.030	0.025	0.025
机械	交流弧焊机 21kV·A	台班	60.37	0.48	0.22	0.10	0.09	0.07	0.07
	台式钻床 D16	台班	4.27	1.15	0.59	0.36	0.35	0.31	0.31
	剪板机 6.3×2000	台班	238.00	0.04	0.04	0.03	0.03	0.02	0.02
	折方机 4×2000	台班	32.03	0.04	0.04	0.03	0.03	0.02	0.02
	咬口机 1.5	台班	16.91	0.04	0.04	0.03	0.03	0.02	0.02

二、镀锌薄钢板共板法兰风管制作、安装

工作内容： 1.制作：放样、下料、折方、轧口、咬口、制作直管、管件、吊托支架、钻孔、焊接、组对。2.安装：找标高、打支架墙洞、配合预留孔洞、埋设吊托支架、组装、风管就位、找平、找正、加密封胶条、上角码、弹簧夹、螺栓、紧固。

单位：10m²

编　号			9-12	9-13	9-14	9-15	9-16
项　目			镀锌薄钢板共板法兰风管（δ＝1.2mm以内咬口）				
			长边长（mm以内）				
			320	450	1000	1250	2000
预算基价	总　价(元)		**1199.92**	**912.59**	**684.07**	**692.91**	**946.18**
	人　工　费(元)		760.05	553.50	415.80	438.75	504.90
	材　料　费(元)		325.86	250.09	214.62	202.26	394.26
	机　械　费(元)		114.01	109.00	53.65	51.90	47.02
组 成 内 容	单位	单价	数　量				
人工 综合工	工日	135.00	5.63	4.10	3.08	3.25	3.74
镀锌钢板	m²	—	(11.80)(δ0.5)	(11.80)(δ0.6)	(11.80)(δ0.75)	(11.80)(δ1)	(11.80)(δ1.2)
热轧角钢 60	t	3767.43	0.025	0.021	—	—	—
热轧槽钢 5#～16#	t	3587.47	—	—	0.015	0.017	0.021
热轧扁钢 ＜59	t	3665.80	0.00215	0.00133	0.00112	0.00110	0.00102
圆钢 $D5.5～9.0$	t	3896.14	0.00135	0.00193	0.00149	0.00114	0.00008
圆钢 $D10～14$	t	3926.88	—	—	—	—	0.00185
精制六角带帽螺栓 M6×(30～50)	10套	1.73	5.479	—	—	—	—
精制六角带帽螺栓 M8×(30～50)	10套	2.60	—	2.648	1.488	1.159	1.173
膨胀螺栓 M12	套	1.75	2.00	1.50	1.50	1.38	1.00
电焊条 E4303 $D3.2$	kg	7.59	1.46	0.65	0.23	0.22	0.17
弹簧夹	个	1.73	21.131	21.674	38.276	28.707	—
顶丝卡	个	2.29	—	—	—	—	98.760
镀锌风管角码 δ0.8	个	0.91	43.530	21.465	12.636	12.051	—
镀锌风管角码 δ1.0	个	1.14	—	—	—	—	10.296
乙炔气	kg	14.66	0.04	0.03	0.02	0.02	0.03
氧气	m³	2.88	0.10	0.08	0.06	0.07	0.08
密封胶 KS型	kg	15.12	0.480	0.349	0.307	0.307	0.307
橡胶密封条	m	5.19	19.340	14.079	10.363	10.004	10.004
砂轮片 $D400$	片	19.56	0.500	0.413	0.309	0.409	0.326
电	kW·h	0.73	0.018	0.015	0.011	0.015	0.012
等离子切割机 400A	台班	229.27	0.336	0.361	0.180	0.175	0.161
交流弧焊机 21kV·A	台班	60.37	0.31	0.13	0.05	0.04	0.03
台式钻床 D16	台班	4.27	0.38	0.18	0.13	0.13	0.11
折方机 4×2000	台班	32.03	0.34	0.36	0.18	0.18	0.16
咬口机 1.5	台班	16.91	0.34	0.36	0.18	0.18	0.16

三、薄钢板法兰风管制作、安装
1. 圆 形 风 管

工作内容: 1. 制作:放样、下料、轧口、卷圆、咬口、翻边、铆铆钉、点焊、焊接成型、制作直管、管件、法兰、吊托支架、钻孔、铆焊、上法兰、组对。
2. 安装:找标高、打支架墙洞、配合预留孔洞、埋设吊托支架、组装、风管就位、找平、找正、制垫、加垫、上螺栓、紧固。

单位:10m²

编 号				9-17	9-18	9-19	9-20
项 目				薄钢板圆形风管(δ=2mm以内焊接)			
				直径(mm以内)			
				320	450	1000	2000
预算基价	总 价(元)			**3986.42**	**2387.00**	**1814.12**	**1825.27**
	人 工 费(元)			3507.30	1985.85	1460.70	1433.70
	材 料 费(元)			192.35	229.46	229.46	271.34
	机 械 费(元)			286.77	171.69	123.96	120.23
组成内容		单位	单价	数 量			
人工	综合工	工日	135.00	25.98	14.71	10.82	10.62
材料	普通钢板 δ2	m²	—	(10.8)	(10.8)	(10.8)	(10.8)
	热轧角钢 60	t	3767.43	0.00089	0.03160	0.03271	0.03393
	热轧角钢 63	t	3767.43	—	—	0.00233	0.00319
	热轧扁钢 <59	t	3665.80	0.02064	0.00375	0.00258	0.00927
	圆钢 D5.5~9.0	t	3896.14	0.00293	0.00190	0.00075	0.00012
	圆钢 D10~14	t	3926.88	—	—	0.00121	0.00490
	精制六角带帽螺栓 M6×(30~50)	10套	1.73	8.500	7.167	—	—
	精制六角带帽螺栓 M8×(30~50)	10套	2.60	—	—	5.150	3.900
	膨胀螺栓 M12	套	1.75	2.00	2.00	1.50	1.00
	橡胶板 δ1~3	kg	11.26	1.40	1.24	0.97	0.92
	电焊条 E4303 D2.5	kg	7.37	6.35	4.86	4.45	4.36
	电焊条 E4303 D3.2	kg	7.59	0.42	0.34	0.15	0.09
	气焊条 D<2	kg	7.96	1.000	0.900	0.780	0.790
	乙炔气	kg	14.66	0.15	0.13	0.11	0.11
	氧气	m³	2.88	0.41	0.64	0.32	0.32
	尼龙砂轮片 D400	片	15.64	0.423	0.644	0.684	0.888
	电	kW·h	0.73	0.015	0.023	0.003	0.032
机械	交流弧焊机 21kV·A	台班	60.37	3.96	2.32	1.78	1.74
	台式钻床 D16	台班	4.27	0.62	0.48	0.32	0.25
	法兰卷圆机 L40×4	台班	33.91	0.50	0.32	0.17	0.14
	剪板机 6.3×2000	台班	238.00	0.06	0.04	0.02	0.02
	卷板机 2×1600	台班	230.33	0.060	0.040	0.020	0.020

工作内容： 1.制作：放样、下料、轧口、卷圆、咬口、翻边、铆铆钉、点焊、焊接成型、制作直管、管件、法兰、吊托支架、钻孔、铆焊、上法兰、组对。
2.安装：找标高、打支架墙洞、配合预留孔洞、埋设吊托支架、组装、风管就位、找平、找正、制垫、加垫、上螺栓、紧固。

单位：10m²

编 号				9-21	9-22	9-23	9-24
项 目				薄钢板圆形风管(δ＝3mm以内焊接)			
				直径(mm以内)			
				320	450	1000	2000
预算基价	总　　　　价(元)			**5051.65**	**2739.42**	**2130.41**	**2141.24**
	人　工　费(元)			4398.30	2269.35	1711.80	1672.65
	材　料　费(元)			342.40	292.84	288.44	350.56
	机　械　费(元)			310.95	177.23	130.17	118.03
组 成 内 容		单位	单价	数　　量			
人工	综合工	工日	135.00	32.58	16.81	12.68	12.39
材料	普通钢板 δ3	m²	—	(10.800)	(10.800)	(10.800)	(10.800)
	热轧角钢 60	t	3767.43	0.032	0.034	0.037	0.043
	热轧角钢 63	t	3767.43	—	—	0.00233	0.00319
	热轧扁钢 ＜59	t	3665.80	0.00405	0.00356	0.00258	0.00927
	圆钢 D5.5～9.0	t	3896.14	0.00293	0.00190	0.00075	0.00012
	圆钢 D10～14	t	3926.88	—	—	0.00096	0.00490
	精制六角带帽螺栓 M6×(30～50)	10套	1.73	8.500	7.167	—	—
	精制六角带帽螺栓 M8×(30～50)	10套	2.60	—	—	5.150	3.900
	膨胀螺栓 M12	套	1.75	2.00	2.00	1.50	1.00
	橡胶板 δ1～3	kg	11.26	1.46	1.30	0.97	0.92
	电焊条 E4303 D2.5	kg	7.37	15.28	10.07	8.28	8.17
	电焊条 E4303 D3.2	kg	7.59	0.42	0.34	0.15	0.09
	气焊条 D＜2	kg	7.96	2.200	1.680	1.480	1.490
	乙炔气	kg	14.66	0.75	0.57	0.50	0.51
	氧气	m³	2.88	2.09	1.59	1.40	1.42
	尼龙砂轮片 D400	片	15.64	0.677	0.680	0.758	1.039
	电	kW·h	0.73	0.024	0.024	0.034	0.037
机械	交流弧焊机 21kV·A	台班	60.37	4.07	2.27	1.73	1.71
	台式钻床 D16	台班	4.27	0.34	0.29	0.21	0.16
	法兰卷圆机 L40×4	台班	33.91	0.50	0.32	0.18	0.14
	剪板机 6.3×2000	台班	238.00	0.10	0.06	0.04	0.02
	卷板机 2×1600	台班	230.33	0.10	0.06	0.04	0.02

11

2.矩 形 风 管

工作内容：1.制作:放样、下料、折方、轧口、咬口、翻边、铆铆钉、点焊、焊接成型、制作直管、管件、法兰、吊托支架、钻孔、铆焊、上法兰、组对。
2.安装:找标高、打支架墙洞、配合预留孔洞、埋设吊托支架、组装、风管就位、找平、找正、制垫、加垫、上螺栓、紧固。

单位:10m²

编　号			9-25	9-26	9-27	9-28	9-29
项　目			薄钢板矩形风管(δ=2mm以内焊接)				
			长边长(mm以内)				
			320	450	1000	1250	2000
预算基价	总　　价(元)		**2770.70**	**1839.29**	**1308.92**	**1273.69**	**1177.36**
	人　工　费(元)		2208.60	1451.25	1024.65	992.25	896.40
	材　料　费(元)		317.89	246.07	195.65	196.48	206.39
	机　械　费(元)		244.21	141.97	88.62	84.96	74.57
组 成 内 容	单位	单价	数　　　量				
人工 综合工	工日	135.00	16.36	10.75	7.59	7.35	6.64
材料 普通钢板 δ2	m²	—	(10.8)	(10.8)	(10.8)	(10.8)	(10.8)
热轧角钢 60	t	3767.43	0.04042	0.03566	0.02922	0.03063	0.03486
热轧角钢 63	t	3767.43	—	—	0.00016	0.00019	0.00026
热轧扁钢 <59	t	3665.80	0.00215	0.00133	0.00112	0.00110	0.00102
圆钢 D5.5~9.0	t	3896.14	0.00135	0.00193	0.00149	0.00132	0.00080
圆钢 D10~14	t	3926.88	—	—	—	—	0.00185
精制六角带帽螺栓 M6×(30~50)	10套	1.73	16.900	8.150	—	—	—
精制六角带帽螺栓 M8×(30~50)	10套	2.60	—	—	4.300	4.063	3.350
膨胀螺栓 M12	套	1.75	2.00	2.00	1.50	1.38	1.00
橡胶板 δ1~3	kg	11.26	1.84	1.30	0.92	0.91	0.86
电焊条 E4303 D2.5	kg	7.37	7.30	5.17	4.10	3.81	2.95
电焊条 E4303 D3.2	kg	7.59	2.24	1.06	0.49	0.45	0.34
气焊条 D<2	kg	7.96	1.450	0.930	0.730	0.658	0.440
乙炔气	kg	14.66	0.21	0.13	0.11	0.10	0.07
氧气	m³	2.88	0.59	0.38	0.30	0.27	0.18
尼龙砂轮片 D400	片	15.64	0.759	0.673	0.553	0.574	0.667
电	kW·h	0.73	0.027	0.024	0.020	0.021	0.024
机械 交流弧焊机 21kV·A	台班	60.37	3.66	2.05	1.27	1.21	1.04
台式钻床 D16	台班	4.27	1.02	0.47	0.27	0.26	0.23
剪板机 6.3×2000	台班	238.00	0.07	0.06	0.04	0.04	0.04
折方机 4×2000	台班	32.03	0.07	0.06	0.04	0.04	0.04

工作内容: 1.制作:放样、下料、折方、轧口、咬口、翻边、铆铆钉、点焊、焊接成型、制作直管、管件、法兰、吊托支架、钻孔、铆焊、上法兰、组对。
　　　　　　2.安装:找标高、打支架墙洞、配合预留孔洞、埋设吊托支架、组装、风管就位、找平、找正、制垫、加垫、上螺栓、紧固。　　　　　　　**单位:** 10m²

编　号			9-30	9-31	9-32	9-33	9-34
项　目			薄钢板矩形风管(δ＝3mm以内焊接)				
			长边长(mm以内)				
			320	450	1000	1250	2000
预算基价	总　　　价(元)		**3273.91**	**2169.67**	**1507.53**	**1482.20**	**1415.46**
	人　工　费(元)		2583.90	1686.15	1161.00	1134.00	1051.65
	材　料　费(元)		437.70	339.24	257.91	263.78	291.94
	机　械　费(元)		252.31	144.28	88.62	84.42	71.87
组 成 内 容	单位	单价	数　　量				
人工 综合工	工日	135.00	19.14	12.49	8.60	8.40	7.79
材料 普通钢板 δ3	m²	—	(10.8)	(10.8)	(10.8)	(10.8)	(10.8)
热轧角钢 60	t	3767.43	0.04286	0.03935	0.03456	0.03818	0.04903
热轧角钢 63	t	3767.43	—	—	0.00016	0.00019	0.00026
热轧扁钢 ＜59	t	3665.80	0.00215	0.00133	0.00112	0.00110	0.00102
圆钢 D5.5~9.0	t	3896.14	0.00135	0.00193	0.00149	0.00114	0.00080
圆钢 D10~14	t	3926.88	—	—	—	—	0.00185
精制六角带帽螺栓 M6×(30~50)	10套	1.73	16.900	8.150	—	—	—
精制六角带帽螺栓 M8×(30~50)	10套	2.60	—	—	4.300	4.063	3.350
膨胀螺栓 M12	套	1.75	2.00	2.00	1.50	1.38	1.00
橡胶板 δ1~3	kg	11.26	1.89	1.35	0.92	0.91	0.86
电焊条 E4303 D2.5	kg	7.37	17.70	11.06	7.83	7.30	5.70
电焊条 E4303 D3.2	kg	7.59	2.24	1.06	0.49	0.45	0.34
气焊条 D＜2	kg	7.96	3.170	3.790	1.390	1.253	0.840
乙炔气	kg	14.66	1.05	0.64	0.46	0.41	0.29
氧气	m³	2.88	2.93	1.79	1.28	1.16	0.80
尼龙砂轮片 D400	片	15.64	0.801	0.736	0.645	0.701	0.903
电	kW·h	0.73	0.029	0.026	0.023	0.025	0.032
机械 交流弧焊机 21kV·A	台班	60.37	3.66	2.04	1.27	1.21	1.04
台式钻床 D16	台班	4.27	1.02	0.52	0.27	0.26	0.23
剪板机 6.3×2000	台班	238.00	0.100	0.070	0.040	0.038	0.030
折方机 4×2000	台班	32.03	0.100	0.070	0.040	0.038	0.030

13

四、弯头导流叶片及其他

工作内容： 放样、下料、开孔、钻眼、铆接、焊接、成型、组装、加垫、紧螺栓、焊锡。

编　号			9-35	9-36	9-37	9-38
项　目			弯头导流叶片 （m²）	软管接口 （m²）	风管检查孔 T614 （100kg）	温度、风量测定孔 T615 （个）
预算基价	总　　价（元）		**246.07**	**376.42**	**3972.25**	**104.59**
	人　工　费（元）		213.30	220.05	2830.95	82.35
	材　料　费（元）		32.77	154.67	784.56	11.25
	机　械　费（元）		—	1.70	356.74	10.99
组　成　内　容	单位	单价	数　　　量			
人工 综合工	工日	135.00	1.58	1.63	20.97	0.61
材料 镀锌薄钢板 δ0.75	m²	27.53	1.14	—	—	—
普碳钢板 Q195~Q235 δ1.0~1.5	t	3992.69	—	—	0.07636	—
普碳钢板 Q195~Q235 δ2.0~2.5	t	4001.96	—	—	—	0.00018
铁铆钉	kg	9.22	0.15	0.07	1.43	—
热轧角钢 ＜60	t	3721.43	—	0.01833	—	—
热轧扁钢 ＜59	t	3665.80	—	0.00832	0.03176	—
圆钢 D5.5~9.0	t	3896.14	—	—	0.00141	—
精制六角带帽螺栓 M8×75以内	套	0.59	—	26.00	—	—
精制六角带帽螺栓 M(2~5)×(4~20)	套	0.06	—	—	—	4.16
精制六角螺母 M6~10	个	0.09	—	—	121.2	—
帆布	m²	24.86	—	1.15	—	—
橡胶板 δ1~3	kg	11.26	—	0.97	—	—
电焊条 E4303 D3.2	kg	7.59	—	0.06	—	0.11
弹簧垫圈 M2~10	个	0.03	—	—	121.20	4.24
酚醛塑料把手 BX32	个	1.41	—	—	120.04	—
闭孔乳胶海绵 δ20	m²	29.32	—	—	5.07	—
圆锥销 3×18	个	0.30	—	—	40.4	—
镀锌丝堵 DN50	个	3.40	—	—	—	1
低碳钢管箍 DN50	个	5.92	—	—	—	1
机械 交流弧焊机 21kV·A	台班	60.37	—	0.018	0.690	0.010
台式钻床 D16	台班	4.27	—	0.144	1.730	0.030
普通车床 400×1000	台班	205.13	—	—	1.500	0.050

五、柔性软风管安装
1.无保温套管

工作内容：就位、加垫、连接、找平、找正、固定。

单位：m

编　号			9-39	9-40	9-41	9-42	9-43
项　目			直径(mm以内)				
			150	250	500	710	910
预算基价	总　　价(元)		**4.05**	**5.40**	**6.75**	**9.45**	**12.15**
	人　工　费(元)		4.05	5.40	6.75	9.45	12.15
组　成　内　容		单位	单价	数　　量			
人工	综合工	工日	135.00	0.03	0.04	0.05	0.07	0.09
材料	柔性软风管	m	—	(1)	(1)	(1)	(1)	(1)

15

2.保温套管

工作内容：就位、加垫、连接、找平、找正、固定。

单位：m

编　号			9-44	9-45	9-46	9-47	9-48
项　目			直径（mm以内）				
			150	250	500	710	910
预算基价	总　价(元)		**5.40**	**6.75**	**9.45**	**12.15**	**16.20**
	人　工　费(元)		5.40	6.75	9.45	12.15	16.20
组　成　内　容	单位	单价	数　　量				
人工 综合工	工日	135.00	0.04	0.05	0.07	0.09	0.12
材料 柔性软风管	m	—	(1)	(1)	(1)	(1)	(1)

3.柔性软风管阀门安装

工作内容： 号孔、钻孔、对口、校正、制垫、加垫、上螺栓、紧固。

单位：个

编　号			9-49	9-50	9-51	9-52	9-53
项　目			直径(mm以内)				
			150	250	500	710	910
预算基价	总　价(元)			**5.40**	**6.75**	**10.80**	**13.50**	**18.90**
	人　工　费(元)			5.40	6.75	10.80	13.50	18.90
组　成　内　容		单位	单价	数　量				
人工	综合工	工日	135.00	0.04	0.05	0.08	0.10	0.14
材料	柔性软风管阀门	个	—	(1)	(1)	(1)	(1)	(1)

六、抗震支架安装

工作内容：定位、切割、组对、栽(埋)螺栓、安装、校正等。

单位：副

	编　号			9-54	9-55
	项　目			双通丝杆双层横梁抗震支架	
				单向	双向
预算基价	总　　价(元)			**186.21**	**233.97**
	人　工　费(元)			178.20	222.75
	材　料　费(元)			6.04	8.60
	机　械　费(元)			1.97	2.62
组　成　内　容		单位	单价	数　　量	
人工	综合工	工日	135.00	1.32	1.65
材料	抗震支架	副	—	(1)	(1)
	冲击钻头 D14	个	8.58	0.048	0.071
	后扩底钻头	个	80.00	0.063	0.092
	电	kW·h	0.73	0.035	0.045
	尼龙砂轮片 D400	片	15.64	0.036	0.038
机械	砂轮切割机 D400	台班	32.78	0.060	0.080

18

七、通风管道场外运输

工作内容: 装车、卸车、运输。

单位:10m²

编 号	9-56
项 目	场外运输

预算基价	总　价(元)	**67.44**
	人　工　费(元)	37.80
	机　械　费(元)	29.64

	组 成 内 容	单位	单价	数　量
人工	综合工	工日	135.00	0.28
机械	载货汽车 4t	台班	417.41	0.071

第二章　调节阀安装

说　明

一、本章适用范围：通风管道各种调节阀、蝶阀、止回阀、三通阀、防火阀的安装。

二、密闭式对开多叶调节阀与手动式对开多叶调节阀执行同一子目。

三、蝶阀安装子目适用于圆形保温蝶阀，方形、矩形保温蝶阀，圆形蝶阀，方形、矩形蝶阀，风管止回阀安装子目适用于圆形风管止回阀，方形风管止回阀。

四、铝合金或其他材料制作的调节阀安装应执行本章相应子目。

工程量计算规则

调节阀安装依据其类型、直径（圆形）或周长（方形），按设计图示数量计算。

调节阀安装

工作内容：号孔、钻孔、对口、校正、制垫、加垫、上螺栓、紧固、试动。 单位：个

编 号				9-57	9-58	9-59	9-60	9-61	9-62
项 目				空气加热器上通阀	空气加热器旁通阀	圆形瓣式启动阀			
						直径（mm以内）			
						600	800	1000	1300
预算基价	总 价（元）			**170.14**	**105.91**	**147.98**	**184.84**	**231.71**	**311.56**
	人 工 费（元）			151.20	98.55	135.00	168.75	207.90	276.75
	材 料 费（元）			17.69	7.32	12.85	15.96	21.96	32.08
	机 械 费（元）			1.25	0.04	0.13	0.13	1.85	2.73
组 成 内 容		单位	单价	数 量					
人工	综合工	工日	135.00	1.12	0.73	1.00	1.25	1.54	2.05
材料	阀门	个	—	(1.000)	(1.000)	(1.000)	(1.000)	(1.000)	(1.000)
	热轧扁钢 ＞60	t	3677.90	0.00106	—	—	—	—	—
	精制六角带帽螺栓 M8×75	套	0.61	—	12.000	17.000	—	—	—
	精制六角带帽螺栓 M10×75以内	套	0.76	—	—	—	17.000	—	—
	精制六角带帽螺栓 M10×260	套	2.02	6.000	—	—	—	—	—
	精制六角带帽螺栓 M12×75以内	套	1.04	—	—	—	—	17.000	25.000
	垫圈 M10～20	个	0.14	6.000	—	—	—	—	—
	低碳钢焊条 J422 D3.2	kg	3.60	0.230	—	—	—	—	—
	橡胶板 δ1～3	kg	11.26	—	—	0.220	0.270	0.380	0.540
机械	交流弧焊机 21kV·A	台班	60.37	0.020	—	—	—	—	—
	台式钻床 D16	台班	4.27	0.010	0.010	0.030	0.030	—	—
	立式钻床 D35	台班	10.91	—	—	—	—	0.170	0.250

工作内容：号孔、钻孔、对口、校正、制垫、加垫、上螺栓、紧固、试动。

单位：个

编　号				9-63	9-64	9-65	9-66	9-67
项　　目				风管蝶阀安装				
				周长（mm以内）				
				800	1600	2400	3200	4000
预算基价	总　　价（元）			**32.72**	**47.96**	**86.63**	**117.87**	**155.93**
	人　工　费（元）			28.35	39.15	68.85	94.50	126.90
	材　料　费（元）			4.24	6.08	13.63	17.91	21.39
	机　械　费（元）			0.13	2.73	4.15	5.46	7.64
组　成　内　容		单位	单价	数　　　　量				
人工	综合工	工日	135.00	0.21	0.29	0.51	0.70	0.94
材料	阀门	个	—	(1.000)	(1.000)	(1.000)	(1.000)	(1.000)
	精制六角带帽螺栓 M6×75以内	套	0.30	10	12	—	—	—
	精制六角带帽螺栓 M8×75以内	套	0.59	—	—	17	21	25
	橡胶板 $\delta 1\sim3$	kg	11.26	0.11	0.22	0.32	0.49	0.59
机械	台式钻床 D16	台班	4.27	0.03	—	—	—	—
	立式钻床 D35	台班	10.91	—	0.25	0.38	0.50	0.70

工作内容：号孔、钻孔、对口、校正、制垫、加垫、上螺栓、紧固、试动。

单位：个

编　号				9-68	9-69	9-70	9-71
项　目				圆形、方形风管止回阀			
				周长（mm以内）			
				800	1200	2000	3200
预算基价	总　价(元)			**39.97**	**44.58**	**73.92**	**89.52**
	人　工　费(元)			32.40	36.45	56.70	66.15
	材　料　费(元)			4.84	5.40	13.07	17.91
	机　械　费(元)			2.73	2.73	4.15	5.46
组 成 内 容		单位	单价	数　量			
人工	综合工	工日	135.00	0.24	0.27	0.42	0.49
材料	阀门	个	—	(1.000)	(1.000)	(1.000)	(1.000)
	精制六角带帽螺栓 M6×75以内	套	0.30	12	12	—	—
	精制六角带帽螺栓 M8×75以内	套	0.59	—	—	17	21
	橡胶板 $\delta 1\sim 3$	kg	11.26	0.11	0.16	0.27	0.49
机械	立式钻床 D35	台班	10.91	0.25	0.25	0.38	0.50

工作内容：号孔、钻孔、对口、校正、制垫、加垫、上螺栓、紧固、试动。

单位：个

编　号				9-72	9-73	9-74	9-75
项　　目				密闭式斜插板阀			
				周长（mm以内）			
				800	1200	2000	3200
预算基价	总　　价（元）			**36.18**	**42.03**	**68.27**	**85.05**
	人　工　费（元）			31.05	35.10	54.00	63.45
	材　料　费（元）			2.40	4.20	10.12	16.14
	机　械　费（元）			2.73	2.73	4.15	5.46
组　成　内　容		单位	单价	数　　　量			
人工	综合工	工日	135.00	0.23	0.26	0.40	0.47
材料	阀门	个	—	(1.000)	(1.000)	(1.000)	(1.000)
	精制六角带帽螺栓 M6×75以内	套	0.30	5	8	—	—
	精制六角带帽螺栓 M8×75以内	套	0.59	—	—	12	18
	橡胶板 δ1～3	kg	11.26	0.08	0.16	0.27	0.49
机械	立式钻床 D35	台班	10.91	0.25	0.25	0.38	0.50

工作内容：号孔、钻孔、对口、校正、制垫、加垫、上螺栓、紧固、试动。

单位：个

编　号				9-76	9-77	9-78	9-79	9-80	9-81
项　目				对开多叶调节阀安装					
				周长（mm以内）					
				2800	4000	5200	6500	8000	10000
预算基价	总　　价(元)			**77.18**	**88.84**	**109.36**	**133.63**	**162.79**	**199.10**
	人　工　费(元)			59.40	66.15	79.65	95.85	114.75	137.70
	材　料　费(元)			13.63	17.23	22.07	28.00	35.45	45.35
	机　械　费(元)			4.15	5.46	7.64	9.78	12.59	16.05
组　成　内　容		单位	单价	数　　量					
人工	综合工	工日	135.00	0.44	0.49	0.59	0.71	0.85	1.02
材料	阀门	个	—	(1.000)	(1.000)	(1.000)	(1.000)	(1.000)	(1.000)
	精制六角带帽螺栓 M8×75以内	套	0.59	17.00	21.00	25.00	32.00	41.00	53.00
	橡胶板 δ1～3	kg	11.26	0.32	0.43	0.65	0.81	1.00	1.25
机械	立式钻床 D35	台班	10.91	0.380	0.500	0.700	0.896	1.154	1.471

工作内容：号孔、钻孔、对口、校正、制垫、加垫、上螺栓、紧固、试动。

单位：个

	编　号			9-82	9-83	9-84	9-85
	项　目			风管防火阀			
				周长（mm以内）			
				2200	3600	5400	8000
预算基价	总　　价（元）			**111.72**	**176.59**	**241.66**	**357.25**
	人　工　费（元）			94.50	153.90	211.95	313.20
	材　料　费（元）			13.07	17.23	22.07	32.75
	机　械　费（元）			4.15	5.46	7.64	11.30
	组 成 内 容	单位	单价	数　　　　量			
人工	综合工	工日	135.00	0.70	1.14	1.57	2.32
材料	阀门	个	—	(1.000)	(1.000)	(1.000)	(1.000)
	精制六角带帽螺栓 M8×75以内	套	0.59	17.00	21.00	25.00	37.00
	橡胶板 $\delta 1\sim 3$	kg	11.26	0.27	0.43	0.65	0.97
机械	立式钻床 D35	台班	10.91	0.380	0.500	0.700	1.036

第三章　风口安装

说　明

一、本章适用范围：通风管道各种风口、散流器、钢百叶窗安装。

二、百叶风口安装子目适用于带调节板活动百叶风口、单层百叶风口、双层百叶风口、三层百叶风口、连动百叶风口、135型单层百叶风口、135型双层百叶风口、135型带导流叶片百叶风口、活动金属百叶风口。

三、散流器安装子目适用于圆形直片散流器、方形直片散流器、流线形散流器。

四、送吸风口安装子目适用于单面送吸风口、双面送吸风口。

五、铝合金或其他材料制作的风口安装应执行本章相应子目。

工程量计算规则

一、各种风口、散流器安装依据类型、规格尺寸按设计图示数量计算。

二、钢百叶窗及活动金属百叶风口安装依据规格尺寸按设计图示数量计算。

风 口 安 装

工作内容： 对口、上螺栓、制垫、加垫、找正、找平、固定、试动、调整。

单位：个

编　号			9-86	9-87	9-88	9-89	9-90	9-91	9-92	9-93
项　目			百叶风口							
			周长（mm以内）							
			900	1280	1800	2500	3300	4800	6000	7000
预算基价	总　　价（元）		**24.33**	**30.42**	**58.75**	**68.65**	**78.72**	**101.67**	**131.40**	**155.39**
	人　工　费（元）		21.60	27.00	54.00	62.10	70.20	90.45	117.45	139.05
	材　料　费（元）		2.60	3.29	4.62	6.42	8.39	11.09	13.82	16.17
	机　械　费（元）		0.13	0.13	0.13	0.13	0.13	0.13	0.13	0.17
组 成 内 容	单位	单价	数　　量							
人工 综合工	工日	135.00	0.16	0.20	0.40	0.46	0.52	0.67	0.87	1.03
材料 百叶风口	个	—	(1.000)	(1.000)	(1.000)	(1.000)	(1.000)	(1.000)	(1.000)	(1.000)
热轧扁钢 ＜59	t	3665.80	0.00061	0.00080	0.00113	0.00157	0.00207	0.00279	0.00348	0.00407
精制六角带帽螺栓 M（2～5）×（4～20）	套	0.06	6.0	6.0	8.0	11.1	13.4	14.3	17.8	20.9
机械 台式钻床 D16	台班	4.27	0.03	0.03	0.03	0.03	0.03	0.03	0.03	0.04

工作内容：对口、上螺栓、制垫、加垫、找正、找平、固定、试动、调整。

单位：个

编　号			9-94	9-95	9-96
项　目			矩形送风口		
			周长（mm以内）		
			400	600	800
预算基价	总　　价（元）		**24.93**	**30.55**	**36.10**
	人　工　费（元）		20.25	25.65	31.05
	材　料　费（元）		4.68	4.90	5.05
组 成 内 容	单位	单价	数　　　量		
人工	综合工	工日	135.00	0.15	0.19	0.23
材料	矩形送风口	个	—	(1.000)	(1.000)	(1.000)
	热轧扁钢 ＜59	t	3665.80	0.00012	0.00018	0.00022
	精制六角带帽螺栓 M8×75	套	0.61	4.000	4.000	4.000
	铜蝶形螺母 M8	个	0.42	4.0	4.0	4.0
	垫圈 M2～8	个	0.03	4.0	4.0	4.0

工作内容：对口、上螺栓、制垫、加垫、找正、找平、固定、试动、调整。   **单位**：个

编 号			9-97	9-98	9-99	9-100	9-101
项 目			矩形空气分布器			旋转吹风口	
			周长（mm以内）			直径（mm以内）	
			1200	1500	2100	320	450
预算基价	总 价（元）		**81.50**	**96.23**	**116.39**	**84.21**	**135.32**
	人 工 费（元）		70.20	82.35	97.20	62.10	102.60
	材 料 费（元）		11.30	13.88	19.19	22.11	32.72
组 成 内 容	单位	单价	数 量				
人工 综合工	工日	135.00	0.52	0.61	0.72	0.46	0.76
材料 矩形空气分布器	个	—	(1.000)	(1.000)	(1.000)	—	—
旋转吹风口	个	—	—	—	—	(1.000)	(1.000)
精制六角带帽螺栓 M6×75	套	0.95	10.000	12.000	17.000	—	—
精制六角带帽螺栓 M8×75	套	0.61	—	—	—	6.000	6.000
精制六角螺母 M6～10	个	0.09	—	—	—	6	6
橡胶板 δ1～3	kg	11.26	0.16	0.22	0.27	—	—
石棉橡胶板 高压 δ1～6	kg	23.57	—	—	—	0.760	1.210

工作内容：对口、上螺栓、制垫、加垫、找正、找平、固定、试动、调整。　　　　　　　　　　　　　　　　**单位：**个

编　号				9-102	9-103	9-104	9-105	9-106	9-107
项　目				方形散流器			圆形、流线形散流器		
				周长（mm以内）			直径（mm以内）		
				500	1000	2000	200	360	500
预算基价	总　价（元）			**31.36**	**38.00**	**54.09**	**27.71**	**48.91**	**63.09**
	人　工　费（元）			27.00	32.40	47.25	24.30	44.55	58.05
	材　料　费（元）			4.36	5.60	6.84	3.41	4.36	5.04
组　成　内　容		单位	单价	数　量					
人工	综合工	工日	135.00	0.20	0.24	0.35	0.18	0.33	0.43
材料	散流器	个	—	(1.000)	(1.000)	(1.000)	(1.000)	(1.000)	(1.000)
	精制六角带帽螺栓 M6×75	套	0.95	4.000	4.000	4.000	3.000	4.000	4.000
	橡胶板 δ1～3	kg	11.26	0.05	0.16	0.27	0.05	0.05	0.11

工作内容：对口、上螺栓、制垫、加垫、找正、找平、固定、试动、调整。

单位：个

编　号				9-108	9-109	9-110	9-111	9-112	9-113
项　目				送吸风口			活动箅式风口		
				周长（mm以内）					
				1000	1600	2000	1330	1910	2590
预算基价	总　　价（元）			**42.71**	**47.44**	**49.88**	**47.40**	**55.63**	**70.80**
	人　工　费（元）			36.45	40.50	43.20	45.90	54.00	68.85
	材　料　费（元）			6.26	6.94	6.68	1.16	1.25	1.52
	机　械　费（元）			—	—	—	0.34	0.38	0.43
组　成　内　容		单位	单价	数　　量					
人工	综合工	工日	135.00	0.27	0.30	0.32	0.34	0.40	0.51
材料	送吸风口	个	—	(1.000)	(1.000)	(1.000)	—	—	—
	活动箅式风口	个	—	—	—	—	(1.000)	(1.000)	(1.000)
	精制六角带帽螺栓 M6×75	套	0.95	6.000	6.000	—	—	—	—
	精制六角带帽螺栓 M8×75	套	0.61	—	—	8.000	—	—	—
	橡胶板 $\delta1\sim3$	kg	11.26	0.05	0.11	0.16	—	—	—
	圆钢 $D10\sim14$	t	3926.88	—	—	—	0.00002	0.00002	0.00002
	半圆头螺钉 M4×6	个	0.09	—	—	—	10	11	14
	铁铆钉	kg	9.22	—	—	—	0.02	0.02	0.02
机械	台式钻床 D16	台班	4.27	—	—	—	0.08	0.09	0.10

工作内容：对口、上螺栓、制垫、加垫、找正、找平、固定、试动、调整。 単位：个

编 号				9-114	9-115	9-116	9-117
项 目				网式风口			
				周长（mm以内）			
				900	1500	2000	2600
预算基价	总 价（元）			**17.91**	**21.96**	**22.20**	**26.25**
	人 工 费（元）			17.55	21.60	21.60	25.65
	材 料 费（元）			0.36	0.36	0.60	0.60
组 成 内 容		单位	单价	数 量			
人工	综合工	工日	135.00	0.13	0.16	0.16	0.19
材料	网式风口	个	—	(1.000)	(1.000)	(1.000)	(1.000)
	精制六角带帽螺栓 M（2～5）×（4～20）	套	0.06	6.0	6.0	10.0	10.0

40

工作内容： 对口、上螺栓、制垫、加垫、找正、找平、固定、试动、调整。

单位：个

编 号				9-118	9-119	9-120	9-121
项 目				钢百叶窗安装			
				框内面积（m²以内）			
				0.5	1.0	2.0	4.0
预算基价	总 价（元）			**48.79**	**71.00**	**122.83**	**123.78**
	人 工 费（元）			43.20	64.80	112.05	118.80
	材 料 费（元）			5.59	6.20	10.78	4.98
组 成 内 容		单位	单价	数 量			
人工	综合工	工日	135.00	0.32	0.48	0.83	0.88
材料	钢百叶窗	个	—	(1.000)	(1.000)	(1.000)	(1.000)
	精制六角带帽螺栓 M(2～5)×(4～20)	套	0.06	17.000	21.000	25.000	33.000
	精制六角带帽螺栓 M6×75	套	0.95	4.000	4.000	8.000	1.000
	热轧扁钢 <59	t	3665.80	0.00021	0.00031	0.00041	0.00051
	木螺钉 M6×100以内	个	0.18	—	—	1.0	1.0

工作内容：对口、上螺栓、制垫、加垫、找正、找平、固定、试动、调整。

单位：个

编　号			9-122	9-123	9-124	9-125	9-126	9-127
项　目			带调节阀（过滤器）百叶风口					
			周长（mm以内）					
			800	1200	1800	2400	3200	4000
预算基价	总　　价（元）		**51.86**	**61.19**	**94.43**	**125.08**	**168.53**	**193.09**
	人　工　费（元）		41.85	48.60	75.60	99.90	135.00	151.20
	材　料　费（元）		10.01	12.59	18.83	25.18	33.53	41.89
组 成 内 容	单位	单价	数　　　　量					
人工　综合工	工日	135.00	0.31	0.36	0.56	0.74	1.00	1.12
材料　带调节阀（过滤器）百叶风口	个	－	(1.000)	(1.000)	(1.000)	(1.000)	(1.000)	(1.000)
镀锌角钢 ＜60	t	4593.04	0.00179	0.00215	0.00322	0.00430	0.00573	0.00716
橡胶板 δ1～3	kg	11.26	0.12	0.18	0.27	0.36	0.48	0.60
自攻螺钉 M4×12	个	0.06	7.28	11.44	16.64	22.88	30.16	37.44

工作内容： 对口、上螺栓、制垫、加垫、找正、找平、固定、试动、调整。

单位：个

编　号			9-128	9-129	9-130	9-131	9-132	9-133	9-134	9-135
项　　目			带调节阀散流器（圆形）							
			直径（mm以内）							
			150	200	250	300	350	400	450	500
预算基价	总　　价(元)		**42.24**	**51.78**	**64.47**	**75.67**	**88.47**	**97.54**	**101.45**	**122.70**
	人　工　费(元)		32.40	41.85	54.00	63.45	75.60	79.65	82.35	98.55
	材　料　费(元)		9.84	9.93	10.47	12.22	12.87	17.89	19.10	24.15
组　成　内　容	单位	单价	数　　　量							
人工	综合工	工日	135.00	0.24	0.31	0.40	0.47	0.56	0.59	0.61	0.73
材料	带调节阀散流器	个	—	(1.000)	(1.000)	(1.000)	(1.000)	(1.000)	(1.000)	(1.000)	(1.000)
	镀锌角钢 <60	t	4593.04	0.00179	0.00179	0.00179	0.00215	0.00215	0.00322	0.00322	0.00430
	橡胶板 $\delta 1\sim 3$	kg	11.26	0.11	0.11	0.15	0.15	0.20	0.20	0.30	0.30
	木螺钉 M4×65以内	个	0.09	4.2	5.2	6.2	7.3	8.3	9.4	10.4	11.4

工作内容： 对口、上螺栓、制垫、加垫、找正、找平、固定、试动、调整。

单位：个

编　号			9-136	9-137	9-138	9-139
项　目			带调节阀散流器（方形、矩形）			
			周长（mm以内）			
			800	1200	1800	2400
预算基价	总　价（元）		**67.25**	**82.89**	**101.61**	**146.39**
	人　工　费（元）		55.35	67.50	79.65	117.45
	材　料　费（元）		11.90	15.39	21.96	28.94
组　成　内　容	单位	单价	数　量			
人工	综合工	工日	135.00	0.41	0.50	0.59	0.87
材料	带调节阀散流器	个	—	(1.000)	(1.000)	(1.000)	(1.000)
	镀锌角钢 ＜60	t	4593.04	0.00179	0.00215	0.00322	0.00430
	橡胶板 $\delta1\sim3$	kg	11.26	0.26	0.39	0.52	0.65
	木螺钉 M4×65以内	个	0.09	8.3	12.5	14.6	20.8

44

工作内容：对口、上螺栓、制垫、加垫、找正、找平、固定、试动、调整。

单位：个

编 号				9-140	9-141	9-142	9-143	9-144	9-145	9-146
项 目				板式排烟口						
				周长（mm以内）						
				800	1280	1600	2000	2800	3200	4000
预算基价	总 价(元)			**31.96**	**40.06**	**47.27**	**55.39**	**74.75**	**87.35**	**115.25**
	人 工 费(元)			31.05	39.15	45.90	52.65	71.55	83.70	110.70
	材 料 费(元)			0.91	0.91	1.37	2.74	3.20	3.65	4.55
组 成 内 容		单位	单价	数 量						
人工	综合工	工日	135.00	0.23	0.29	0.34	0.39	0.53	0.62	0.82
材料	板式排烟口	个	—	(1.000)	(1.000)	(1.000)	(1.000)	(1.000)	(1.000)	(1.000)
	精制六角带帽螺栓 M6×75以内	套	0.30	0.040	0.040	0.060	—	—	—	—
	精制六角带帽螺栓 M8×75以内	套	0.59	—	—	—	0.062	0.083	0.083	0.083
	橡胶板	kg	11.26	0.080	0.080	0.120	0.240	0.280	0.320	0.400

45

工作内容：对口、上螺栓、制垫、加垫、找正、找平、固定、试动、调整。　　　　　　　　　　　　　　　　　　　　　　　　　　**单位：个**

编　号				9-147	9-148	9-149	9-150	9-151	9-152	9-153	9-154
项　　目				多叶排烟口（送风口）							
				周长（mm以内）							
				1200	2000	2600	3200	3800	4400	4800	5200
预算基价	总　　　价（元）			**28.02**	**28.46**	**31.34**	**34.45**	**36.09**	**39.96**	**41.75**	**43.43**
	人　工　费（元）			24.30	24.30	27.00	29.70	31.05	33.75	35.10	36.45
	材　料　费（元）			3.59	4.03	4.21	4.62	4.91	6.08	6.52	6.85
	机　械　费（元）			0.13	0.13	0.13	0.13	0.13	0.13	0.13	0.13
组　成　内　容		单位	单价	数　　　量							
人工	综合工	工日	135.00	0.18	0.18	0.20	0.22	0.23	0.25	0.26	0.27
材料	多叶排烟口（送风口）	个	—	(1.000)	(1.000)	(1.000)	(1.000)	(1.000)	(1.000)	(1.000)	(1.000)
	热轧扁钢 ＜59	kg	3.66	0.470	0.590	0.640	0.750	0.830	0.980	1.100	1.190
	带母半圆头螺栓 M5×15	套	0.30	6.240	6.240	6.240	6.240	6.240	8.320	8.320	8.320
机械	台式钻床 D16	台班	4.27	0.030	0.030	0.030	0.030	0.030	0.030	0.030	0.030

第四章　风帽制作、安装

说　明

本章适用范围：通风管道各种类型风帽，风帽滴水盘，风帽筝绳，风帽泛水制作、安装。

工程量计算规则

一、风帽的制作、安装均按其质量计算；非标准风帽制作安装按成品质量计算。风帽为成品安装时制作不再计算。

二、风帽笆绳制作、安装按设计图示规格长度以质量计算。

三、风帽泛水制作、安装按设计图示尺寸以展开面积计算。

四、风帽滴水盘制作、安装按设计图示尺寸以质量计算。

一、风帽制作、安装

工作内容：1.制作:放样、下料、卷制、咬口,制作法兰、零件,钻孔、铆焊、组装。2.安装:找正、找平,制垫、加垫、上螺栓、拉筝绳、固定。　　　　　单位：100kg

编　号				9-155	9-156	9-157	9-158	9-159	9-160	9-161	9-162	9-163
项　目				圆伞形风帽T609			锥形风帽T610			筒形风帽T611		
				10kg以内	50kg以内	50kg以外	25kg以内	100kg以内	100kg以外	50kg以内	100kg以内	100kg以外
预算基价	总　　　价(元)			**2851.24**	**1451.33**	**1071.72**	**2240.33**	**1549.46**	**1344.74**	**1650.16**	**932.74**	**910.41**
	人　工　费(元)			2295.00	928.80	564.30	1609.20	999.00	823.50	1155.60	468.45	453.60
	材　料　费(元)			536.18	513.39	501.06	600.61	532.60	515.31	487.50	461.35	455.10
	机　械　费(元)			20.06	9.14	6.36	30.52	17.86	5.93	7.06	2.94	1.71
	组成内容	单位	单价	数　　量								
人工	综合工	工日	135.00	17.00	6.88	4.18	11.92	7.40	6.10	8.56	3.47	3.36
材料	普碳钢板 Q195~Q235 δ1.0~1.5	t	3992.69	0.08274	0.09606	0.10150	0.09883	0.10576	0.11458	0.07572	0.08470	0.08462
	热轧角钢 ＜60	t	3721.43	0.02105	0.01434	0.01066	0.00638	0.00544	0.00417	0.00727	0.01789	0.01663
	热轧扁钢 ＜59	t	3665.80	0.01389	0.00878	0.00835	0.01481	0.01058	0.00502	0.02597	0.00707	0.00775
	圆钢 D5.5~9.0	t	3896.14	—	0.00196	0.00215	—	—	—	—	0.00100	0.00183
	橡胶板 δ1~3	kg	11.26	1.08	0.76	0.38	3.78	0.27	0.16	0.38	0.22	0.16
	精制六角带帽螺栓 M6×75以内	套	0.30	—	—	—	—	—	—	169.23	—	—
	精制六角带帽螺栓 M8×75以内	套	0.59	81.73	39.02	16.53	54.85	30.66	9.67	—	36.98	27.38
	垫圈 M2~8	个	0.03	83.31	39.77	16.84	55.90	31.25	9.60	172.90	32.31	23.91
	电焊条 E4303 D3.2	kg	7.59	1.57	0.28	0.11	1.38	0.79	0.28	0.01	0.01	0.01
	气焊条 D＜2	kg	7.96	0.10	0.10	0.10	2.11	1.18	0.70	0.07	0.08	0.06
	乙炔气	kg	14.66	0.043	0.043	0.043	1.061	0.609	0.370	0.030	0.035	0.026
	氧气	m³	2.88	0.12	0.12	0.12	2.97	1.71	1.04	0.08	0.10	0.07
	铁铆钉	kg	9.22	—	—	—	—	—	—	0.15	—	—
机械	交流弧焊机 21kV·A	台班	60.37	0.19	0.09	0.08	0.40	0.25	0.08	0.01	0.01	0.01
	台式钻床 D16	台班	4.27	0.98	0.47	0.20	0.46	0.25	0.10	0.40	0.23	0.10
	法兰卷圆机 L40×4	台班	33.91	0.13	0.05	0.02	0.13	0.05	0.02	0.14	0.04	0.02

二、风帽滴水盘制作、安装

工作内容：1.制作：放样、下料、卷圆、咬口、铆焊、制法兰及零件、钻孔、组装。2.安装：找正、找平、加垫、上螺栓、固定。

单位：100kg

编 号				9-164	9-165
项 目				筒形风帽滴水盘 T611	
				15kg以内	15kg以外
预算基价	总 价(元)			**2794.54**	**1625.77**
	人 工 费(元)			2196.45	1089.45
	材 料 费(元)			580.20	526.76
	机 械 费(元)			17.89	9.56
组 成 内 容		单位	单价	数 量	
人工	综合工	工日	135.00	16.27	8.07
材料	普碳钢板 Q195～Q235 δ1.0～1.5	t	3992.69	0.08755	0.09312
	热轧角钢 ＜60	t	3721.43	0.02112	0.01812
	热轧扁钢 ＜59	t	3665.80	0.01223	0.00713
	圆钢 D5.5～9.0	t	3896.14	—	0.00598
	橡胶板 δ1～3	kg	11.26	0.59	0.59
	精制六角带帽螺栓 M6×75以内	套	0.30	233.05	79.27
	焊接钢管 DN15	t	3879.92	0.00116	0.00031
	电焊条 E4303 D3.2	kg	7.59	0.15	0.15
	气焊条 D＜2	kg	7.96	1.40	0.30
	乙炔气	kg	14.66	0.610	0.130
	氧气	m³	2.88	1.71	0.36
机械	交流弧焊机 21kV·A	台班	60.37	0.04	0.04
	台式钻床 D16	台班	4.27	1.40	0.80
	法兰卷圆机 L40×4	台班	33.91	0.28	0.11

三、风帽泛水、风帽筝绳制作、安装

工作内容：1.制作:放样、下料、卷圆、咬口、焊接、钻孔、组装。2.安装:找正、找平、固定。

	编　号			9-166	9-167
	项　目			风帽筝绳 （100kg）	风帽泛水 （m²）
预算基价	总　　价(元)			**1377.94**	**223.23**
	人　工　费(元)			675.00	140.40
	材　料　费(元)			696.05	82.79
	机　械　费(元)			6.89	0.04
	组成内容	单位	单价	数　　量	
人工	综合工	工日	135.00	5.00	1.04
材料	热轧扁钢 ＜59	t	3665.80	0.04320	0.00178
	圆钢 D10～14	t	3926.88	0.06080	—
	精制六角带帽螺栓 M8×75以内	套	0.59	47.60	4.00
	垫圈 M10～20	个	0.14	104.80	—
	花篮螺栓 M6×120	个	5.35	47.6	—
	电焊条 E4303 D3.2	kg	7.59	0.20	—
	橡胶板 δ1～3	kg	11.26	—	2.70
	镀锌薄钢板 δ0.75	m²	27.53	—	1.42
	油灰	kg	2.94	—	1.5
机械	交流弧焊机 21kV·A	台班	60.37	0.10	—
	台式钻床 D16	台班	4.27	0.20	0.01

第五章 罩类制作、安装

说　明

一、本章适用范围：通风管道皮带防护罩，电机防护罩，侧吸罩，排气罩，条缝槽边抽风罩，回转罩制作、安装。

二、本章子目中未包括的排气罩制作、安装可执行本章中相近的子目。

工程量计算规则

罩类的制作、安装均按其质量计算；非标准罩类制作、安装按成品质量计算。罩类为成品安装时制作不再计算。

罩类制作、安装

工作内容: 1.制作:放样、下料、卷圆、制作罩体、来回弯、零件、法兰,钻孔、铆焊、组合成型。 2.安装:埋设支架、吊装、对口、找正,制垫、加垫、上螺栓,固定配重环及钢丝绳、试动调整。

单位:100kg

编号			9-168	9-169	9-170	9-171	9-172	9-173	9-174	9-175
项 目			皮带防护罩 T108		电机防雨罩	侧吸罩 T401-1、2		中、小型零件焊接台排气罩	整体、分组式槽边侧吸罩	吹、吸式槽边通风罩
			B式	C式	T110	上吸式	下吸式	T401-3	T403-1	94T459
预算基价	总 价(元)		**6245.20**	**4520.68**	**1657.88**	**1684.23**	**1461.41**	**2147.51**	**2222.91**	**2255.33**
	人 工 费(元)		5522.85	3990.60	1030.05	1202.85	973.35	1653.75	1663.20	1683.45
	材 料 费(元)		615.63	481.44	581.91	470.21	476.89	486.15	514.09	522.94
	机 械 费(元)		106.72	48.64	45.92	11.17	11.17	7.61	45.62	48.94
组 成 内 容	单位	单价	数 量							
人工 综合工	工日	135.00	40.91	29.56	7.63	8.91	7.21	12.25	12.32	12.47
普碳钢板 Q195～Q235 δ1.0～1.5	t	3992.69	—	0.06570	0.09823	0.07093	0.07849	0.08918	—	—
普碳钢板 Q195～Q235 δ2.0～2.5	t	4001.96	—	—	—	—	—	—	0.09914	0.09799
普碳钢板 Q195～Q235 δ3.5～4.0	t	3945.80	0.00400	0.00190	—	—	—	—	—	—
普碳钢板 Q195～Q235 δ4.5～7.0	t	3843.28	—	—	0.02820	—	—	—	—	—
热轧角钢 ＜60	t	3721.43	0.06470	0.01230	—	0.04020	0.03482	0.02681	0.01043	0.01148
热轧扁钢 ＜59	t	3665.80	0.03130	0.02000	—	0.00190	0.00133	—	—	—
镀锌钢丝网 D2.5×0.67×0.67～3×5×5	m²	12.55	8.6	4.1	—	—	—	—	—	—
精制蝶形带帽螺栓 M6×30	套	0.59	120.9	—	—	—	—	—	—	—
精制蝶形带帽螺栓 M10×60	套	1.08	23	—	—	—	—	—	—	—
精制六角螺栓 M8×20	个	0.24	—	—	—	12.11	32.57	—	—	—
精制六角带帽螺栓 M6×75以内	套	0.30	—	37.20	—	55.18	27.25	—	22.40	33.70
精制六角带帽螺栓 M8×75以内	套	0.59	—	—	33.14	16.98	24.22	—	—	—
精制六角带帽螺栓 M10×75以内	套	0.76	—	12.40	—	—	—	—	—	—
电焊条 E4303 D3.2	kg	7.59	5.3	2.7	1.1	0.4	0.4	0.9	1.2	1.6
气焊条 D＜2	kg	7.96	—	—	3	—	—	—	—	—
乙炔气	kg	14.66	—	—	1.30	—	—	—	2.52	2.61
氧气	m³	2.88	—	—	3.64	—	—	—	7.06	7.31
铁铆钉	kg	9.22	—	—	—	0.09	0.07	0.23	—	—
石棉橡胶板 低压 δ0.8～6.0	kg	19.35	—	—	—	—	—	0.7	—	—
橡胶板 δ4～15	kg	10.83	—	—	—	—	—	—	0.50	0.60
机械 交流弧焊机 21kV·A	台班	60.37	1.75	0.80	0.75	0.08	0.08	0.08	0.75	0.80
台式钻床 D16	台班	4.27	0.25	0.08	0.15	0.85	0.85	0.65	0.08	0.15
法兰卷圆机 L40×4	台班	33.91	—	—	—	0.08	0.08	—	—	—

工作内容: 1.制作:放样、下料、卷圆、制作罩体、来回弯、零件、法兰,钻孔、铆焊、组合成型。2.安装:埋设支架、吊装、对口、找正,制垫、加垫、上螺栓,固定配重环及钢丝绳、试动调整。

单位:100kg

编 号			9-176	9-177	9-178	9-179	9-180	9-181	9-182	9-183
项 目			各型风罩调节阀	条缝槽边抽风罩	泥心烘炉排气罩	升降式回转排气罩	上、下吸式圆形回转罩 T410		升降式排气罩	手锻炉排气罩
				86T414	T407-1	T409	墙上、混凝土柱上	钢柱上	T412	T413
预算基价	总 价(元)		**2232.63**	**2320.00**	**2479.61**	**5387.81**	**1530.39**	**1050.09**	**1401.51**	**1210.18**
	人 工 费(元)		1426.95	1686.15	1795.50	4946.40	1098.90	502.20	935.55	731.70
	材 料 费(元)		437.10	584.91	656.94	439.92	428.18	542.00	375.35	449.40
	机 械 费(元)		368.58	48.94	27.17	1.49	3.31	5.89	90.61	29.08
组 成 内 容	单位	单价	数 量							
人工 综合工	工日	135.00	10.57	12.49	13.30	36.64	8.14	3.72	6.93	5.42
材料 普碳钢板 Q195~Q235 δ1.0~1.5	t	3992.69	—	—	0.03930	0.06383	0.04530	0.02309	0.02187	—
普碳钢板 Q195~Q235 δ2.0~2.5	t	4001.96	0.03534	—	—	—	—	—	0.02890	0.09923
普碳钢板 Q195~Q235 δ2.6~3.2	t	3953.25	—	0.11181	—	—	—	—	—	—
普碳钢板 Q195~Q235 δ8~20	t	3843.31	—	—	—	—	—	0.03543	—	—
热轧角钢 <60	t	3721.43	0.04870	0.00868	0.02510	0.02504	0.04139	0.01621	0.00906	0.00995
热轧角钢 >63	t	3649.53	—	—	0.00302	—	0.01739	0.00146	—	—
热轧扁钢 <59	t	3665.80	0.00217	—	—	0.01922	0.00074	0.00037	0.00475	0.00012
圆钢 D5.5~9.0	t	3896.14	—	—	—	0.00024	—	—	0.00098	0.00010
圆钢 D10~14	t	3926.88	—	—	—	0.00240	—	—	0.00088	—
圆钢 D15~24	t	3894.21	0.00191	—	—	—	0.00019	0.00009	—	—
圆钢 D>32	t	3740.04	—	—	—	—	—	—	0.00148	—
料 热轧槽钢 5#~16#	t	3587.47	—	—	0.03956	—	0.00388	0.03571	—	—
精制六角带帽螺栓 M6×75以内	套	0.30	33.36	—	16.78	—	—	—	—	—
精制六角带帽螺栓 M8×75以内	套	0.59	8.34	—	—	—	7.59	3.87	—	—
精制六角螺栓 M10×25	个	0.33	—	—	—	9.56	—	—	—	—

编　号			9-176	9-177	9-178	9-179	9-180	9-181	9-182	9-183
项　目			各型风罩 调节阀	条缝槽边 抽风罩	泥心烘炉 排气罩	升降式回转 排气罩	上、下吸式圆形回转罩 T410		升降式 排气罩	手锻炉 排气罩
				86T414	T407-1	T409	墙上、 混凝土柱上	钢柱上	T412	T413
组 成 内 容	单位	单价	数　量							
材 料	精制六角螺母 M6～10	个	0.09	8.50	—	—	29.22	—	—	3.75	—
	铜蝶形螺母 M8	个	0.42	—	—	—	4.88	—	—	—	—
	橡胶板 δ4～15	kg	10.83	2.30	0.60	—	—	—	—	—	—
	垫圈 M2～8	个	0.03	34	—	—	—	—	—	—	—
	垫圈 M10～20	个	0.14	17.00	—	—	—	—	—	3.75	—
	电焊条 E4303 D3.2	kg	7.59	2.7	5.9	0.1	—	0.2	0.2	0.1	1.1
	乙炔气	kg	14.66	1.52	2.61	—	—	—	—	—	—
	氧气	m³	2.88	4.26	7.31	—	—	—	—	—	—
	石棉布	kg	27.24	—	—	9.1	—	—	—	—	—
	铁铆钉	kg	9.22	—	—	—	0.35	—	—	—	—
	焊接钢管 DN25	t	3850.92	—	—	—	—	0.00165	—	—	—
	开口销 1～5	个	0.11	—	—	—	—	0.86	—	3.75	—
	预拌混凝土 AC15	m³	439.88	—	—	—	—	—	0.26	—	—
	钢丝绳 D4.2	kg	6.67	—	—	—	—	—	—	0.43	—
	铸铁	kg	2.58	—	—	—	—	—	—	40.13	—
	橡胶板 δ1～3	kg	11.26	—	—	—	—	—	—	—	0.54
机 械	交流弧焊机 21kV·A	台班	60.37	1.50	0.80	0.45	—	0.04	0.08	0.45	0.45
	台式钻床 D16	台班	4.27	0.65	0.15	—	0.35	0.05	0.09	0.05	0.05
	普通车床 400×1000	台班	205.13	0.35	—	—	—	—	—	0.30	—
	卧式铣床 400×1600	台班	254.32	0.80	—	—	—	—	—	—	—
	法兰卷圆机 L40×4	台班	33.91	—	—	—	—	0.02	0.02	0.05	0.05

第六章　消声器制作、安装

说　明

一、本章适用范围：片式消声器，矿棉管式消声器，聚酯泡沫管式消声器等制作、安装；阻抗式消声器、管式消声器、微穿孔板消声器、消声弯头、消声静压箱等成品安装。

二、管式消声器安装适用于各类管式消声器。

工程量计算规则

一、消声器的制作、安装均按其质量计算；非标准消声器制作、安装按成品质量计算。消声器为成品安装时制作不再计算。

二、微穿孔板消声器、管式消声器、阻抗式消声器成品安装按设计图示数量计算。

三、消声弯头安装按设计图示数量计算。

四、消声静压箱安装按设计图示数量计算。

一、消声器制作、安装

工作内容：1.制作：放样、下料、钻孔,制作内外套管、木框架、法兰,铆焊、粘贴,填充消声材料,组合。2.安装：组对、安装、找正、找平,制垫、加垫、上螺栓、固定。

单位：100kg

编 号				9-184	9-185	9-186	9-187	9-188	9-189
项 目				片式消声器	矿棉管式消声器	聚酯泡沫管式消声器	卡普隆纤维管式消声器	弧形声流式消声器	阻抗复合式消声器
				T701-1	T701-2	T701-3	T701-4	T701-5	T701-6
预算基价	总　价(元)			**1576.90**	**1967.00**	**1669.42**	**2324.36**	**1937.52**	**2773.61**
	人工费(元)			934.20	1521.45	1024.65	1506.60	1502.55	2126.25
	材料费(元)			587.89	410.98	633.98	790.10	334.21	641.16
	机械费(元)			54.81	34.57	10.79	27.66	100.76	6.20
组成内容		单位	单价	数　量					
人工	综合工	工日	135.00	6.92	11.27	7.59	11.16	11.13	15.75
材料	普碳钢板 Q195~Q235 $\delta0.50$~0.65	t	4097.25	0.02231	—	—	—	—	—
	普碳钢板 Q195~Q235 $\delta0.7$~0.9	t	4087.34	—	0.01677	—	0.01997	—	—
	普碳钢板 Q195~Q235 $\delta1.0$~1.5	t	3992.69	0.01917	0.03305	0.07214	0.04284	0.04969	0.07564
	热轧角钢 <60	t	3721.43	—	0.01691	0.02620	0.02099	0.01299	0.00651
	热轧扁钢 <59	t	3665.80	0.00921	—	—	—	0.00160	—
	玻璃丝	kg	5.65	55.55	—	—	—	—	—
	玻璃丝布 $\delta0.2$	m²	3.12	6.29	3.09	—	3.68	1.73	10.40
	过氯乙烯胶液	kg	22.50	1.56	0.86	2.27	2.54	0.70	—
	电焊条 E4303 D2.5	kg	7.37	0.180	—	0.690	0.490	—	—
	精制六角带帽螺栓 M(2~5)×(4~20)	套	0.06	271.20	—	—	—	9.27	—
	精制六角带帽螺栓 M6×75以内	套	0.30	—	—	—	—	10.34	—

67

续前

单位：100kg

编　号			9-184	9-185	9-186	9-187	9-188	9-189
项　目			片式消声器	矿棉管式消声器	聚酯泡沫管式消声器	卡普隆纤维管式消声器	弧形声流式消声器	阻抗复合式消声器
			T701-1	T701-2	T701-3	T701-4	T701-5	T701-6
组 成 内 容	单位	单价	数　　量					
材　　料	精制六角带帽螺栓 M8×75以内	套	0.59	－	36.56	72.84	43.55	11.91	13.14
	电焊条 E4303 D3.2	kg	7.59	－	0.410	－	－	0.760	10.121
	矿渣棉	kg	0.58	－	34.32	－	－	42.91	－
	耐酸橡胶板 δ3	kg	17.38	－	0.84	1.33	1.05	0.52	0.33
	木材　方木	m³	2716.33	－	0.01	－	0.02	－	0.05
	木螺钉 M5×26	个	0.12	－	268.38	－	319.68	－	54.50
	聚酯乙烯泡沫塑料	kg	10.96	－	－	11.48	－	0.92	－
	铁铆钉	kg	9.22	－	－	0.04	－	－	0.08
	卡普隆纤维	kg	19.49	－	－	－	12.85	－	－
	超细玻璃棉毡	kg	6.92	－	－	－	－	－	2.95
	人造革	m²	17.74	－	－	－	－	－	0.33
	泡钉 20	kg	9.15	－	－	－	－	－	0.16
	鞋钉 20	kg	9.15	－	－	－	－	－	0.16
	圆钉	kg	6.68	－	－	－	－	－	1.63
	自攻螺钉 M4×12	个	0.06	－	－	－	－	－	149.87
机　　械	交流弧焊机 21kV•A	台班	60.37	0.11	0.11	0.13	0.13	0.09	0.02
	台式钻床 D16	台班	4.27	5.15	6.54	0.69	4.64	6.16	1.17
	剪板机 6.3×2000	台班	238.00	0.11	－	－	－	0.29	－

二、消声器安装
1.微穿孔板消声器安装

工作内容：组对、安装、找正、找平、制垫、上螺栓、固定。　　　　　　　　　　　　　　　　　　　　　　　　单位：节

编 号			9-190	9-191	9-192	9-193	9-194	9-195
项 目			周长(mm以内)					
			1800	2400	3200	4000	5000	6000
预算基价	总　　　　价(元)		**296.77**	**382.51**	**488.65**	**671.45**	**814.69**	**950.51**
	人　工　费(元)		174.15	247.05	317.25	423.90	538.65	661.50
	材　料　费(元)		63.15	75.53	111.03	183.04	210.81	223.00
	机　械　费(元)		59.47	59.93	60.37	64.51	65.23	66.01
组 成 内 容	单位	单价	数　　　　量					
人工 综合工	工日	135.00	1.29	1.83	2.35	3.14	3.99	4.90
材料 热轧角钢 <60	t	3721.43	0.00813	0.00959	0.01413	—	—	—
圆钢	t	3875.42	0.00451	0.00516	0.00814	—	—	—
圆钢 D10～14	t	3926.88	—	—	—	0.00926	0.01073	0.01073
热轧槽钢 5#～16#	t	3587.47	—	—	—	0.03157	0.03575	0.03817
膨胀螺栓 M10	套	1.53	4.16	4.16				
膨胀螺栓 M12	套	1.75	—	—	4.16	4.16	4.16	4.16
镀锌带母螺栓 M8×(16～25)	套	0.30	13.52	17.58	23.92	31.20	37.44	41.60
精制六角螺母 M6～10	个	0.09	4.24	4.24	—	—	—	—
精制六角螺母 M12～16	个	0.32	—	—	4.24	4.24	4.24	4.24
橡胶板 δ1～3	kg	11.26	0.410	0.695	0.985	1.370	1.825	2.026
机械 小型机具	元	—	59.47	59.93	60.37	64.51	65.23	66.01

2.阻抗式消声器安装

工作内容：组对、安装、找正、找平、制垫、上螺栓、固定。

单位：节

编　号			9-196	9-197	9-198	9-199	9-200
项　目			周长（mm以内）				
			2200	2400	3000	4000	5800
预算基价	总　　价（元）		**284.38**	**387.78**	**502.80**	**680.32**	**1033.92**
	人　工　费（元）		221.40	314.55	399.60	557.55	828.90
	材　料　费（元）		62.98	73.23	103.20	122.77	205.02
组 成 内 容		单位	单价	数　　量			
人工	综合工	工日	135.00	1.64	2.33	2.96	4.13	6.14
材料	热轧角钢 ＜60	t	3721.43	0.00807	0.00932	0.01307	0.01601	—
	圆钢 $D8\sim14$	t	3911.00	0.00451	0.00516	—	—	—
	圆钢 $D10\sim14$	t	3926.88	—	—	0.00814	0.00926	0.01073
	热轧槽钢 5#～16#	t	3587.47	—	—	—	—	0.03401
	膨胀螺栓 M10	套	1.53	4.160	4.160	—	—	—
	膨胀螺栓 M12	套	1.75	—	—	4.160	4.160	4.160
	镀锌带母螺栓 M8×（16～25）	套	0.30	13.520	18.720	22.880	29.120	39.520
	精制六角螺母 M6～10	个	0.09	4.240	4.240	—	—	—
	精制六角螺母 M12～16	个	0.32	—	—	4.240	4.240	4.240
	橡胶板 $\delta1\sim3$	kg	11.26	0.400	0.533	0.630	0.840	1.810

70

3.管式消声器安装

工作内容：组对、安装、找正、找平、制垫、上螺栓、固定。

单位：节

编　号			9-201	9-202	9-203	9-204
项　目			周长(mm以内)			
			1280	2400	3200	4000
预算基价	总　　价(元)		**158.21**	**243.43**	**305.31**	**373.62**
	人　工　费(元)		126.90	180.90	232.20	288.90
	材　料　费(元)		31.31	62.53	73.11	84.72
组 成 内 容	单位	单价	数　　量			
人工 综合工	工日	135.00	0.94	1.34	1.72	2.14
材料 热轧角钢 <60	t	3721.43	0.00346	0.00714	0.00755	0.00932
圆钢 D8~14	t	3911.00	0.00250	0.00387	0.00516	0.00516
膨胀螺栓 M8	套	0.55	4.160	—	—	—
膨胀螺栓 M10	套	1.53	—	4.160	4.160	4.160
镀锌带母螺栓 M6×(16~25)	套	0.20	12.480	—	—	—
镀锌带母螺栓 M8×(16~25)	套	0.30	—	16.640	22.880	29.120
精制六角螺母 M6~10	个	0.09	4.240	—	—	—
精制六角螺母 M12~16	个	0.32	—	4.240	4.240	4.240
橡胶板 δ1~3	kg	11.26	0.310	0.720	0.910	1.190

4.消声弯头安装

工作内容：找标高、起吊、对口、找正、找平,制垫、加垫、上螺栓、固定。

单位：个

编 号				9-205	9-206	9-207	9-208	9-209	9-210	9-211	9-212
项 目				周长（mm以内）							
				800	1200	1800	2400	3200	4000	6000	7200
预算基价	总 价（元）			**149.48**	**175.02**	**206.17**	**357.33**	**426.01**	**505.69**	**837.00**	**986.22**
	人 工 费（元）			79.65	97.20	112.05	228.15	283.50	326.70	567.00	680.40
	材 料 费（元）			29.13	31.55	35.03	69.37	82.35	115.08	194.89	230.00
	机 械 费（元）			40.70	46.27	59.09	59.81	60.16	63.91	75.11	75.82
组 成 内 容		单位	单价	数 量							
人工	综合工	工日	135.00	0.59	0.72	0.83	1.69	2.10	2.42	4.20	5.04
材料	热轧角钢 ＜60	t	3721.43	0.00339	0.00377	0.00418	0.00772	0.00912	0.01352	—	—
	圆钢	t	3875.42	0.00250	0.00250	0.00250	0.00451	0.00516	—	—	—
	圆钢 D10～14	t	3926.88	—	—	—	—	—	0.00741	0.00852	0.00852
	热轧槽钢 5#～16#	t	3587.47	—	—	—	—	—	—	0.03140	0.03685
	膨胀螺栓 M8	套	0.55	4.16	4.16	4.16	—	—	—	—	—
	膨胀螺栓 M10	套	1.53	—	—	—	4.16	4.16	—	—	—
	膨胀螺栓 M12	套	1.75	—	—	—	—	—	4.16	4.16	4.16
	镀锌带母螺栓 M6×（16～25）	套	0.20	8.32	10.40	13.52	—	—	—	—	—
	镀锌带母螺栓 M8×（30～60）	套	0.59	—	—	—	17.68	22.88	29.12	39.52	53.04
	镀锌六角螺母 M12	个	0.03	—	—	—	—	—	42.4	—	—
	精制六角螺母 M12～16	个	0.32	—	—	—	—	—	—	4.24	4.24
	六角螺母 M8	个	0.12	4.24	4.24	4.24	—	—	—	—	—
	六角螺母 M10	个	0.17	—	—	—	4.24	4.24	—	—	—
	橡胶板 δ1～3	kg	11.26	0.210	0.262	0.381	0.501	0.695	0.882	1.495	2.168
机械	小型机具	元	—	40.70	46.27	59.09	59.81	60.16	63.91	75.11	75.82

三、消声静压箱安装

工作内容：吊装、组对、制垫、加垫、找平、找正、紧固固定。

单位：个

编　号				9-213	9-214	9-215
项　目				截面积（m²以内）		
				0.8	2.0	3.5
预算基价	总　　　价（元）			**559.08**	**706.33**	**954.85**
	人　工　费（元）			372.60	409.05	477.90
	材　料　费（元）			181.57	289.75	468.90
	机　械　费（元）			4.91	7.53	8.05
组 成 内 容		单位	单价	数　　　量		
人工	综合工	工日	135.00	2.76	3.03	3.54
材料	精制六角带帽螺栓 M8×75以内	套	0.59	176.890	282.270	456.810
	耐酸橡胶板 δ3	kg	17.38	4.442	7.089	11.472
机械	立式钻床 D35	台班	10.91	0.450	0.690	0.738

第七章　空调部件及设备支架制作、安装

说　明

一、本章适用范围：通风空调设备中钢板密闭门，钢板挡水板，滤水器，溢水盘，电加热器外壳，金属空调器壳，设备支架等制作、安装。

二、清洗槽、浸油槽、晾干架、LWP滤尘器支架制作、安装执行设备支架子目。

三、风机减震台座执行设备支架子目，基价中不包括减震器用量，应按设计图示尺寸以实量计算。

四、玻璃挡水板执行钢板挡水板子目，其材料费、机械费均乘以系数0.45，人工费不变。

工程量计算规则

一、金属空调器壳体,滤水器,溢水盘制作、安装按设计图示尺寸以质量计算。非标准部件制作安装按成品质量计算。

二、挡水板制作、安装按设计图示尺寸以空调器断面面积计算。

三、钢板密闭门制作、安装按设计图示数量计算。

四、设备支架制作、安装按设计图示尺寸以质量计算。

五、电加热器外壳制作、安装按设计图示尺寸以质量计算。

一、钢板密闭门

工作内容: 1.制作:放样、下料、制作门框、零件、开视孔,填料、铆焊、组装。 2.安装:找正、固定。　　　　　　　　　　　　　　　**单位:** 个

编　　号			9-216	9-217	9-218	9-219
项　　目			钢板密闭门T704-7		保温钢板密闭门T706	
			带视孔800×500	不带视孔1200×500	750×450	920×570
预算基价	总　　　价(元)		**1385.98**	**1248.00**	**990.22**	**968.94**
	人　工　费(元)		965.25	850.50	857.25	799.20
	材　料　费(元)		232.07	231.00	108.05	151.81
	机　械　费(元)		188.66	166.50	24.92	17.93
组　成　内　容		单位	单价	数　　量		
人工	综合工	工日	135.00	7.15	6.30	6.35	5.92
材料	普碳钢板 Q195~Q235 δ0.7~0.9	t	4087.34	—	—	0.00023	0.00028
	普碳钢板 Q195~Q235 δ1.0~1.5	t	3992.69	—	—	0.01285	0.01653
	普碳钢板 Q195~Q235 δ2.0~2.5	t	4001.96	0.00169	—	0.00195	0.01129
	普碳钢板 Q195~Q235 δ21~30	t	3614.76	0.0067	0.0067	—	—
	普碳钢板 Q195~Q235 δ>31	t	4001.15	0.0031	0.0031	—	—
	热轧角钢 <60	t	3721.43	0.03250	0.03571	—	—
	热轧扁钢 <59	t	3665.80	0.00320	0.00357	—	—
	圆钢 D25~32	t	3884.17	0.00058	0.00056	—	—
	焊接钢管 DN15	t	3879.92	0.00025	—	—	—
	精制六角带帽螺栓 M6×75以内	套	0.30	54.0	25.0	—	—
	精制六角带帽螺栓 M10×75以内	套	0.76	4.00	4.00	—	—
	蝶形带帽螺栓 M12×18	套	1.08	4	4	—	—
	精制沉头螺栓 M10×20	套	0.42	—	—	49.000	47.000
	橡胶板 定型条	kg	13.05	1.21	1.61	0.51	0.71
	平板玻璃 δ3	m²	19.91	0.08	—	—	—
	电焊条 E4303 D4	kg	7.58	1.44	1.22	0.70	0.60
	铁铆钉	kg	9.22	0.10	0.12	—	—
	矿渣棉	kg	0.58	—	—	16.000	—
	垫圈 M10~20	个	0.14	—	—	2.00	1.00
	紫铜铆钉 M2.5~6.0	个	0.11	—	—	2.00	1.00
	合页 <75	个	2.84	—	—	2.00	2.00
机械	交流弧焊机 21kV·A	台班	60.37	1.00	0.63	0.40	0.29
	台式钻床 D16	台班	4.27	0.390	0.430	0.180	0.100
	牛头刨床 650	台班	226.12	0.56	0.56	—	—

二、钢板挡水板

工作内容：1.制作：放样、下料,制作挡水曲板、框架、底座、零件、钻孔、焊接成型。2.安装:找平、找正,上螺栓、固定。

单位：m²

编 号				9-220	9-221	9-222	9-223
项 目				钢板挡水板T704-9			
				三折曲板（片距mm）		六折曲板（片距mm）	
				30	50	30	50
预算基价	总 价(元)			**1563.30**	**1219.67**	**1994.10**	**1548.40**
	人 工 费(元)			889.65	742.50	1078.65	924.75
	材 料 费(元)			625.07	453.03	866.87	596.49
	机 械 费(元)			48.58	24.14	48.58	27.16
组 成 内 容		单位	单价	数 量			
人工	综合工	工日	135.00	6.59	5.50	7.99	6.85
材料	镀锌薄钢板 δ0.7～0.9	t	4411.64	0.05534	0.03356	0.10244	0.06129
	热轧角钢 ＜60	t	3721.43	0.02220	0.02220	0.02220	0.02220
	热轧扁钢 ＜59	t	3665.80	0.00780	0.00780	0.00780	0.00780
	圆钢 D5.5～9.0	t	3896.14	0.02900	0.01720	0.02900	0.01720
	热轧槽钢 5#～16#	t	3587.47	0.01850	0.01850	0.01850	0.01850
	精制六角螺栓 M6×25	个	0.12	13	8	13	8
	精制六角带帽螺栓 M8×75以内	套	0.59	62.0	37.0	62.0	37.0
	电焊条 E4303 D4	kg	7.58	1.94	1.94	1.94	1.94
	铁铆钉	kg	9.22	0.12	0.08	0.24	0.15
	焊锡	kg	59.85	0.44	0.27	0.85	0.52
	木炭	kg	4.76	1.8	1.1	3.4	2.1
	稀盐酸	kg	3.02	0.50	0.25	0.75	0.50
机械	交流弧焊机 21kV·A	台班	60.37	0.38	0.33	0.38	0.38
	台式钻床 D16	台班	4.27	0.43	0.43	0.43	0.43
	剪板机 6.3×2000	台班	238.00	0.10	0.01	0.10	0.01

三、滤水器、溢水盘

工作内容： 1.制作：放样、下料、配制零件,钻孔、焊接上网、组合成型。 2.安装:找平、找正,焊接管道、固定。　　　　　　　　　　　　　　　　　　　　**单位：100kg**

编　号				9-224	9-225
项　目				滤水器T704-11	溢水盘T704-11
预算基价	总　　　价(元)			**4114.98**	**3020.52**
	人　工　费(元)			3041.55	2542.05
	材　料　费(元)			940.04	459.93
	机　械　费(元)			133.39	18.54
组　成　内　容		单位	单价	数　　　量	
人工	综合工	工日	135.00	22.53	18.83
材料	普碳钢板 Q195～Q235 δ2.0～2.5	t	4001.96	—	0.04170
	普碳钢板 Q195～Q235 δ3.5～4.0	t	3945.80	0.02490	—
	普碳钢板 Q195～Q235 δ8～20	t	3843.31	0.03610	—
	热轧角钢 ＜60	t	3721.43	0.00370	—
	热轧扁钢 ＜59	t	3665.80	0.01700	0.00660
	圆钢 D5.5～9.0	t	3896.14	0.0170	—
	热轧槽钢 5#～16#	t	3587.47	0.00760	—
	焊接钢管 DN150	t	3847.09	0.006	—
	精制六角带帽螺栓 M8×75以内	套	0.59	51.00	17.50
	精制六角带帽螺栓 M16×(61～80)	套	1.35	51.00	—
	铜丝布 16目	m²	117.37	3	—
	电焊条 E4303 D4	kg	7.58	4.70	1.90
	乙炔气	kg	14.66	1.043	—
	氧气	m³	2.88	2.92	—
	热轧无缝钢管 D203～245 δ7.1～12.0	t	4251.31	—	0.0573
	垫圈 M2～8	个	0.03	—	17.5
机械	交流弧焊机 21kV·A	台班	60.37	0.10	0.30
	台式钻床 D16	台班	4.27	1.00	0.10
	普通车床 400×1000	台班	205.13	0.60	—

四、金属壳体

工作内容: 1.制作:放样、下料、调直、钻孔,制作箱体、水槽,焊接、组合、试装。2.安装:就位、找平、找正,连接、固定、表面清理。 单位:100kg

编 号			9-226	9-227
项 目			电加热器外壳	金属空调器壳体
预算基价	总 价(元)		**3904.43**	**1496.43**
	人 工 费(元)		2883.60	943.65
	材 料 费(元)		947.69	476.16
	机 械 费(元)		73.14	76.62
组 成 内 容		单位	单价	数 量	
人工	综合工	工日	135.00	21.36	6.99
材料	普碳钢板 Q195~Q235 δ1.0~1.5	t	3992.69	0.04680	—
	普碳钢板 Q195~Q235 δ2.0~2.5	t	4001.96	—	0.05685
	普碳钢板 Q195~Q235 δ3.5~4.0	t	3945.80	—	0.02147
	普碳钢板 Q195~Q235 δ4.5~7.0	t	3843.28	—	0.00046
	热轧角钢 <60	t	3721.43	0.05260	0.02785
	热轧扁钢 <59	t	3665.80	0.00630	—
	热轧槽钢 5#~16#	t	3587.47	—	0.00073
	电焊条 E4303 D3.2	kg	7.59	—	1.85
	电焊条 E4303 D4	kg	7.58	2.10	—
	精制六角带帽螺栓 M10×75以内	套	0.76	682.50	32.00
	铁铆钉	kg	9.22	0.80	—
	耐酸橡胶板 δ3	kg	17.38	—	0.81
	乙炔气	kg	14.66	—	0.152
	氧气	m³	2.88	—	0.43
机械	交流弧焊机 21kV·A	台班	60.37	0.20	1.26
	台式钻床 D16	台班	4.27	14.30	0.13

82

五、设备支架制作、安装

工作内容：1.制作：放样、下料、调直、钻孔,焊接、成型。2.安装：测位、上螺栓、固定、打洞、埋支架。　　　　　　　　　**单位：100kg**

<table>
<tr><td colspan="4" align="center">编　　号</td><td align="center">9-228</td><td align="center">9-229</td></tr>
<tr><td colspan="4" align="center">项　　目</td><td align="center">50kg以内</td><td align="center">50kg以外</td></tr>
<tr><td rowspan="4">预算基价</td><td colspan="3" align="center">总　　　价(元)</td><td align="center">1263.25</td><td align="center">832.06</td></tr>
<tr><td colspan="3" align="center">人　工　费(元)</td><td align="center">819.45</td><td align="center">427.95</td></tr>
<tr><td colspan="3" align="center">材　料　费(元)</td><td align="center">418.27</td><td align="center">389.58</td></tr>
<tr><td colspan="3" align="center">机　械　费(元)</td><td align="center">25.53</td><td align="center">14.53</td></tr>
<tr><td colspan="2" align="center">组 成 内 容</td><td align="center">单位</td><td align="center">单价</td><td colspan="2" align="center">数　　量</td></tr>
<tr><td>人工</td><td>综合工</td><td align="center">工日</td><td align="center">135.00</td><td align="center">6.07</td><td align="center">3.17</td></tr>
<tr><td rowspan="11">材料</td><td>热轧角钢 ＜60</td><td align="center">t</td><td align="center">3721.43</td><td align="center">0.05527</td><td align="center">0.00723</td></tr>
<tr><td>热轧角钢 ＞63</td><td align="center">t</td><td align="center">3649.53</td><td align="center">0.04873</td><td align="center">0.01755</td></tr>
<tr><td>热轧扁钢 ＜59</td><td align="center">t</td><td align="center">3665.80</td><td align="center">—</td><td align="center">0.00012</td></tr>
<tr><td>热轧槽钢 5#～16#</td><td align="center">t</td><td align="center">3587.47</td><td align="center">—</td><td align="center">0.07909</td></tr>
<tr><td>精制六角带帽螺栓 M10×75以内</td><td align="center">套</td><td align="center">0.76</td><td align="center">17.41</td><td align="center">—</td></tr>
<tr><td>精制六角带帽螺栓 M14×75以内</td><td align="center">套</td><td align="center">1.15</td><td align="center">—</td><td align="center">2.08</td></tr>
<tr><td>精制六角带帽螺栓 M20×（101～150）</td><td align="center">套</td><td align="center">3.55</td><td align="center">—</td><td align="center">1.04</td></tr>
<tr><td>电焊条 E4303 D4</td><td align="center">kg</td><td align="center">7.58</td><td align="center">1.61</td><td align="center">0.57</td></tr>
<tr><td>乙炔气</td><td align="center">kg</td><td align="center">14.66</td><td align="center">0.409</td><td align="center">0.178</td></tr>
<tr><td>氧气</td><td align="center">m³</td><td align="center">2.88</td><td align="center">1.15</td><td align="center">0.50</td></tr>
<tr><td rowspan="2">机械</td><td>交流弧焊机 21kV·A</td><td align="center">台班</td><td align="center">60.37</td><td align="center">0.42</td><td align="center">0.24</td></tr>
<tr><td>台式钻床 D16</td><td align="center">台班</td><td align="center">4.27</td><td align="center">0.04</td><td align="center">0.01</td></tr>
</table>

第八章　通风空调设备安装

说　明

一、本章适用范围：空气加热器(冷却器)、通风机、空调器、风机盘管、组合式空调机组、分段组装式空调器、组合式油烟净化机安装、设备除尘。

二、通风机安装子目内包括电动机安装,其安装形式包括 A 型、B 型、C 型、D 型等,也适用于不锈钢、塑料风机安装。

三、设备安装子目的基价中不包括设备费和应配备的地脚螺栓价值。

四、诱导器安装执行风机盘管安装子目。

五、风机盘管的配管执行本基价第八册《给排水、采暖、燃气工程》DBD 29-308-2020 相应子目。

工程量计算规则

一、空气加热器(冷却器)安装按设计图示数量计算。

二、通风机安装依据不同形式、规格按设计图示数量计算。

三、除尘设备安装按设计图示数量计算。

四、整体式空调机组、空调器安装(室内机、室外机之和)按设计图示数量计算。

五、风机盘管安装按设计图示数量计算。

六、组合式空调机组安装依据设计风量,按设计图示数量计算。

七、分段组装式空调器安装按设计图示质量计算。

八、组合式油烟净化机安装按设计图示数量计算。

一、空气加热器(冷却器)

工作内容: 开箱检查设备、附件、吊装、找平、找正、加垫、螺栓固定。

单位:台

编　号			9-230	9-231	9-232
项　目			质量(kg以内)		
			100	200	400
预算基价	总　价(元)		**209.01**	**268.59**	**345.18**
	人　工　费(元)		143.10	166.05	195.75
	材　料　费(元)		55.31	69.33	108.16
	机　械　费(元)		10.60	33.21	41.27
组　成　内　容		单位	单价	数　量	
人工	综合工	工日	135.00	1.06	1.23	1.45
材料	普碳钢板 Q195~Q235 δ1.0~1.5	t	3992.69	0.00027	0.00048	0.00060
	热轧角钢 <60	t	3721.43	0.00524	0.00695	0.00961
	热轧扁钢 <59	t	3665.80	0.00087	0.00096	0.00113
	精制六角带帽螺栓 M8×75以内	套	0.59	37	42	62
	石棉橡胶板 高压 δ1~6	kg	23.57	0.380	0.530	1.210
	电焊条 E4303 D4	kg	7.58	0.1	0.1	0.1
机械	交流弧焊机 21kV·A	台班	60.37	0.17	0.21	0.34
	台式钻床 D16	台班	4.27	0.08	0.10	0.15
	载货汽车 5t	台班	443.55	—	0.009	0.009
	汽车式起重机 8t	台班	767.15	—	0.021	0.021

二、离心式通风机

工作内容： 开箱检查设备、附件、底座螺栓、吊装、找平、找正、加垫、灌浆、螺栓固定。

单位：台

编　号				9-233	9-234	9-235	9-236	9-237	9-238
项　目				风量（m³/h）					
				4500以内	7000以内	19300以内	62000以内	123000以内	123000以外
预算基价	总　价（元）			**110.46**	**398.10**	**842.68**	**1760.21**	**3046.36**	**4232.31**
	人　工　费（元）			89.10	355.05	773.55	1611.90	2832.30	3977.10
	材　料　费（元）			21.36	43.05	49.03	128.21	184.51	210.73
	机　械　费（元）			—	—	20.10	20.10	29.55	44.48
组　成　内　容		单位	单价	数　　量					
人工	综合工	工日	135.00	0.66	2.63	5.73	11.94	20.98	29.46
材料	铸铁垫板	kg	4.35	3.9	3.9	5.2	21.6	28.8	28.8
	预拌混凝土 AC15	m³	439.88	0.01	0.03	0.03	0.03	0.07	0.10
	煤油	kg	7.49	—	0.75	0.75	1.50	2.00	3.00
	黄干油	kg	15.77	—	0.4	0.4	0.5	0.7	1.0
	棉纱	kg	16.11	—	0.06	0.08	0.12	0.15	0.20
机械	载货汽车 5t	台班	443.55	—	—	0.009	0.009	0.013	0.019
	汽车式起重机 8t	台班	767.15	—	—	0.021	0.021	0.031	0.047

三、轴流式、斜流式、混流式通风机

工作内容: 开箱检查设备、附件、底座螺栓、吊装、找平、找正、加垫、灌浆、螺栓固定。

单位:台

编　号				9-239	9-240	9-241	9-242	9-243
项　目				风量(m³/h)				
				8900以内	25000以内	63000以内	140000以内	140000以外
预算基价		总　　价(元)		**162.35**	**233.75**	**735.30**	**1623.64**	**2495.52**
		人　工　费(元)		157.95	209.25	702.00	1563.30	2407.05
		材　料　费(元)		4.40	4.40	13.20	30.79	43.99
		机　械　费(元)		—	20.10	20.10	29.55	44.48
组　成　内　容		单位	单价	数　　量				
人工	综合工	工日	135.00	1.17	1.55	5.20	11.58	17.83
材料	预拌混凝土 AC15	m³	439.88	0.01	0.01	0.03	0.07	0.10
机械	载货汽车 5t	台班	443.55	—	0.009	0.009	0.013	0.019
	汽车式起重机 8t	台班	767.15	—	0.021	0.021	0.031	0.047

四、屋顶式通风机、卫生间通风器

工作内容：开箱检查设备、附件、底座螺栓,吊装、找平、找正,加垫、灌浆、螺栓固定、装梯子。

单位：台

编 号				9-244	9-245	9-246	9-247
项 目				屋顶式通风机			卫生间通风器
				风量（m³/h）			
				2760以内	9100以内	9100以外	
预算基价	总 价(元)			**128.01**	**155.36**	**194.71**	**17.55**
	人 工 费(元)			106.65	129.60	144.45	17.55
	材 料 费(元)			21.36	25.76	30.16	—
	机 械 费(元)			—	—	20.10	—
组 成 内 容		单位	单价	数 量			
人工	综合工	工日	135.00	0.79	0.96	1.07	0.13
材料	铸铁垫板	kg	4.35	3.9	3.9	3.9	—
	预拌混凝土 AC15	m³	439.88	0.01	0.02	0.03	—
机械	载货汽车 5t	台班	443.55	—	—	0.009	—
	汽车式起重机 8t	台班	767.15	—	—	0.021	—

五、空调器安装
1．吊顶式、落地式空调器

工作内容： 开箱检查设备、附件、底座螺栓、吊装、找平、找正、加垫、灌浆、螺栓固定。

单位：台

编　号			9-248	9-249	9-250	9-251	9-252	9-253
项　目			吊顶式			落地式		
			质量（t以内）					
			0.15	0.2	0.4	1.0	1.5	2.0
预算基价	总　　价（元）		**215.81**	**230.66**	**248.21**	**1627.91**	**2064.68**	**2636.44**
	人　工　费（元）		187.65	202.50	220.05	1590.30	2019.60	2583.90
	材　料　费（元）		8.06	8.06	8.06	8.06	8.06	8.06
	机　械　费（元）		20.10	20.10	20.10	29.55	37.02	44.48
组　成　内　容	单位	单价	数　　　量					
人工　综合工	工日	135.00	1.39	1.50	1.63	11.78	14.96	19.14
材料　棉纱	kg	16.11	0.50	0.50	0.50	0.50	0.50	0.50
机械　载货汽车 5t	台班	443.55	0.009	0.009	0.009	0.013	0.016	0.019
汽车式起重机 8t	台班	767.15	0.021	0.021	0.021	0.031	0.039	0.047

93

2.墙上式空调器

工作内容：开箱检查设备、附件、安装膨胀螺栓、吊装、找平、找正、加垫、螺栓固定。

单位：台

编　号				9-254	9-255	9-256
项　目				质量(t以内)		
				0.1	0.15	0.2
预算基价	总　价(元)			**178.16**	**206.36**	**221.21**
	人　工　费(元)			170.10	178.20	193.05
	材　料　费(元)			8.06	8.06	8.06
	机　械　费(元)			—	20.10	20.10
组　成　内　容		单位	单价	数　量		
人工	综合工	工日	135.00	1.26	1.32	1.43
材料	棉纱	kg	16.11	0.50	0.50	0.50
机械	载货汽车 5t	台班	443.55	—	0.009	0.009
	汽车式起重机 8t	台班	767.15	—	0.021	0.021

3.组合式空调机组

工作内容:开箱、检查设备及附件、就位、连接、上螺栓、找正、找平、固定、外表污物清理。 单位:台

编　号				9-257	9-258	9-259	9-260	9-261	9-262	9-263	9-264
项　目				风量(m³/h以内)							
				4000	10000	20000	30000	40000	60000	80000	100000
预算基价	总　　价(元)			**621.39**	**1032.53**	**1852.90**	**3677.44**	**5096.97**	**8464.01**	**11707.96**	**14739.82**
	人　工　费(元)			494.10	899.10	1540.35	3318.30	4684.50	7921.80	11091.60	14067.00
	材　料　费(元)			6.53	12.67	22.70	37.07	49.74	75.16	130.89	160.50
	机　械　费(元)			120.76	120.76	289.85	322.07	362.73	467.05	485.47	512.32
组　成　内　容		单位	单价	数　　　　量							
人工	综合工	工日	135.00	3.66	6.66	11.41	24.58	34.70	58.68	82.16	104.20
材料	棉纱	kg	16.11	0.210	0.410	0.730	1.190	1.600	2.420	4.210	5.160
	煤油	kg	7.49	0.420	0.810	1.460	2.390	3.200	4.830	8.420	10.330
机械	载货汽车 5t	台班	443.55	0.146	0.146	0.292	0.292	0.292	0.375	0.375	0.375
	汽车式起重机 8t	台班	767.15	0.073	0.073	0.209	0.251	0.304	0.392	0.416	0.451

六、风机盘管

工作内容: 开箱检查设备,附件,试压,底座螺栓,打膨胀螺栓,制作、安装吊架,胀塞,上螺栓,吊装,找平,找正,加垫,螺栓固定。　　　　　　　**单位:台**

编　　号				9-265	9-266	9-267	9-268
项　　目				落地式	吊顶式	壁挂式	卡式嵌入式
预算基价	总　　　价(元)			**118.36**	**292.81**	**150.57**	**308.36**
	人　工　费(元)			83.70	225.45	121.50	248.40
	材　料　费(元)			29.44	56.06	23.85	54.74
	机　械　费(元)			5.22	11.30	5.22	5.22
组　成　内　容		单位	单价	数　　　量			
人工	综合工	工日	135.00	0.62	1.67	0.90	1.84
材料	风机盘管	台	—	(1)	(1)	(1)	(1)
	热轧角钢 ≤50×5	t	3752.16	—	0.00292	—	0.00292
	热轧角钢 ＜60	t	3721.43	—	0.00059	—	—
	圆钢 $D10\sim14$	t	3926.88	—	0.00255	—	0.00281
	膨胀螺栓 M10	套	1.53	4.16	4.16	—	4.16
	镀锌六角螺母 M10	个	0.17	—	12.720	—	12.720
	镀锌弹簧垫圈 M10	个	0.09	—	4.240	—	4.240
	镀锌垫圈 M2~12	个	0.09	—	8.480	—	8.480
	塑料胀塞 M6~9	套	0.38	—	—	4.160	—
	聚酯乙烯泡沫塑料	kg	10.96	0.1	0.1	0.1	0.1
	聚氯乙烯薄膜	kg	12.44	0.01	0.01	0.01	0.01
	煤油	kg	7.49	2.800	2.800	2.800	2.800
	棉纱	kg	16.11	0.05	0.05	—	0.05
	冲击钻头 $D10\sim20$	个	7.94	0.010	0.010	0.010	0.010
	尼龙砂轮片 $D500\times25\times4$	片	18.69	—	0.008	—	—
机械	交流弧焊机 21kV·A	台班	60.37	—	0.10	—	—
	台式钻床 $D16$	台班	4.27	—	0.01	—	—
	载货汽车 8t	台班	521.59	0.010	0.010	0.010	0.010

七、VAV变风量末端装置、分段组装式空调器

工作内容：开箱检查设备、附件、底座螺栓,吊装、找平、找正、加垫、螺栓固定。

编 号			9-269	9-270
项 目			VAV变风量 末端装置 （台）	分段组装式 空调器 （100kg）
预算基价	总 价(元)		**222.66**	**256.50**
	人 工 费(元)		151.20	256.50
	材 料 费(元)		71.46	—
组 成 内 容	单位	单价	数 量	
人工	综合工	工日	135.00	1.12	1.90
材料	圆钢	t	3875.42	0.00166	—
	热轧槽钢 5#～16#	t	3587.47	0.01484	—
	垫圈 M2～8	个	0.03	8.480	—
	弹簧垫圈 M2～10	个	0.03	8.480	—
	膨胀螺栓 M10	套	1.53	4.160	—
	六角螺母 M8	个	0.12	8.480	—
	橡胶板 δ4～10	kg	10.66	0.290	—
	棉纱	kg	16.11	0.05	

八、组合式油烟净化机

工作内容: 开箱检查设备、附件、底座螺栓,吊装、找平、找正,加垫、灌浆、螺栓固定。　　　　　　　　　　　　　　　　　　　　　　　单位:个

编　号			9-271	9-272	9-273	9-274
项　目			风量(m³/h以内)			
			3000	6000	20000	60000
预算基价	总　　价(元)		**294.96**	**415.11**	**486.66**	**562.26**
	人　工　费(元)		240.30	360.45	432.00	507.60
	材　料　费(元)		4.78	4.78	4.78	4.78
	机　械　费(元)		49.88	49.88	49.88	49.88
组　成　内　容	单位	单价	数　　　量			
人工 综合工	工日	135.00	1.78	2.67	3.20	3.76
材料 组合式油烟净化机	个	—	(1)	(1)	(1)	(1)
预拌混凝土 AC15	m³	439.88	0.01	0.01	0.01	0.01
电焊条 E4303 D4	kg	7.58	0.05	0.05	0.05	0.05
机械 交流弧焊机 21kV·A	台班	60.37	0.01	0.01	0.01	0.01
卷扬机 单筒快速 10kN	台班	197.27	0.10	0.10	0.10	0.10
载货汽车 5t	台班	443.55	0.013	0.013	0.013	0.013
汽车式起重机 8t	台班	767.15	0.031	0.031	0.031	0.031

九、除尘设备

工作内容：开箱检查设备、附件、底座螺栓,吊装、找平、找正,加垫、灌浆、螺栓固定。

单位：台

编　号				9-275	9-276	9-277	9-278
项　目				质量(kg以内)			
				100	500	1000	3000
预算基价	总　　价(元)			**411.13**	**849.88**	**2226.35**	**4666.66**
	人　工　费(元)			396.90	835.65	2192.40	4631.85
	材　料　费(元)			8.19	8.19	8.19	8.19
	机　械　费(元)			6.04	6.04	25.76	26.62
组　成　内　容		单位	单价	数　　量			
人工	综合工	工日	135.00	2.94	6.19	16.24	34.31
材料	除尘设备	台	—	(1)	(1)	(1)	(1)
	预拌混凝土 AC15	m³	439.88	0.01	0.01	0.01	0.01
	电焊条 E4303 D4	kg	7.58	0.5	0.5	0.5	0.5
机械	交流弧焊机 21kV·A	台班	60.37	0.10	0.10	0.10	0.10
	卷扬机 单筒快速 10kN	台班	197.27	—	—	0.10	—
	卷扬机 单筒慢速 30kN	台班	205.84	—	—	—	0.10

第九章　净化通风管道及部件制作、安装

说　明

一、本章适用范围：净化通风管道制作、安装，净化通风管道设备及部件制作、安装。

二、净化通风管道制作安装子目中包括弯头、三通、变径管、天圆地方等管件及法兰、加固框和吊托支架，不包括过跨风管落地支架。落地支架制作安装执行设备支架子目。

三、净化风管子目中的板材，如与设计厚度不同者可以换算，人工、机械不变。

四、圆形风管制作安装执行本章矩形风管制作安装子目。

五、净化风管涂密封胶按全部口缝外表面涂抹考虑。如设计要求口缝不涂抹而只在法兰处涂抹者，每 $10m^2$ 风管应减去密封胶 1.5kg 和人工 0.37 工日。

六、过滤器安装子目中包括试装，如设计未要求试装者，其人工费、材料费、机械费不变。

七、净化风管及部件制作安装子目中，型钢未包括镀锌，如设计要求镀锌时，应另加镀锌费。

八、铝制孔板风口如需电化处理时，另加电化费。

九、低效过滤器指：M-A 型、WL 型、LWP 型等系列。

中效过滤器指：ZKL 型、YB 型、M 型、ZX-1 型等系列。

高效过滤器指：GB 型、GS 型、JX-20 型等系列。

净化工作台指：XHK 型、BZK 型、SXP 型、SZP 型、SZX 型、SW 型、SZ 型、SXZ 型、TJ 型、CJ 型等系列。

十、洁净室安装执行分段组装式空调器安装子目。

十一、本章子目按空气洁净度 100000 级编制。

工程量计算规则

一、净化风管制作、安装按设计图示尺寸以展开面积计算。检查孔、测定孔、送风口、吸风口所占面积不扣除。风管展开面积不包括风管、管口重叠部分面积。

二、净化风管长度计算时一律以设计图示中心线长度为准(主管与支管以其中心线交接点划分),包括弯头、三通、变径管、天圆地方等管件的长度,但不得包括部件所占的长度。

三、部件按设计图示成品质量计算。

四、高、中、低效过滤器安装,净化工作台,风淋室安装按设计图示数量计算。

五、静压箱制作、安装按设计图示尺寸以展开面积计算。

六、过滤器框架制作按设计图示尺寸以质量计算。

一、净化通风管道及部件制作、安装

工作内容：1.制作：放样、下料、折方、轧口、咬口制作直管、管件、法兰、吊托支架,钻孔、铆焊、上法兰、组对、口缝外表面涂密封胶,风管内表面清洗,风管两端封口。2.安装：找标高、找平、找正、配合预留孔洞、打支架墙洞、埋设支吊架,风管就位、组装、制垫、加垫、上螺栓、紧固,风管内表面清洗、管口封闭、法兰口涂密封胶。

编　号			9-279	9-280	9-281	9-282	9-283
项　目			镀锌薄钢板矩形净化风管(咬口) 周长(mm)				铝制孔板风口
			800以内 (10m²)	2000以内 (10m²)	4000以内 (10m²)	4000以外 (10m²)	(100kg)
预算基价	总　价(元)		**2212.92**	**1746.42**	**1454.80**	**1420.19**	**40539.37**
	人　工　费(元)		1668.60	1287.90	1042.20	1015.20	36112.50
	材　料　费(元)		497.12	428.23	395.22	387.41	3739.92
	机　械　费(元)		47.20	30.29	17.38	17.58	686.95
组　成　内　容	单位	单价	数　量				
人工	综合工	工日	135.00	12.36	9.54	7.72	7.52	267.50
材料	优质镀锌钢板	m²	—	(11.49)(δ0.5)	(11.49)(δ0.75)	(11.49)(δ1)	(11.49)(δ1.2)	—
	热轧角钢 ＜60	t	3721.43	0.05772	0.05772	0.06282	0.06282	—
	圆钢 D10～14	t	3926.88	0.00140	0.00147	0.00200	0.00253	—
	镀锌六角带帽螺栓 M8×75以内	套	0.43	211.0	119.0	54.0	43.0	—
	闭孔乳胶海绵 δ5	kg	29.00	1.36	0.96	0.64	0.60	—
	401胶	kg	19.51	0.50	0.35	0.24	0.22	—
	密封胶 KS型	kg	15.12	2.0	2.0	2.0	2.0	—
	聚氯乙烯薄膜	kg	12.44	0.75	0.75	0.75	0.75	—
	电焊条 E4303 D3.2	kg	7.59	2.24	1.23	0.50	0.32	—
	镀锌铆钉 M4	kg	9.76	0.65	0.35	0.33	0.33	—

续前

编　号			9-279	9-280	9-281	9-282	9-283
项　目			镀锌薄钢板矩形净化风管（咬口）周长（mm）				铝制孔板风口（100kg）
			800以内（10m²）	2000以内（10m²）	4000以内（10m²）	4000以外（10m²）	
组 成 内 容	单位	单价	数　量				
材料	洗涤剂	kg	4.80	7.32	7.32	7.32	7.32	—
	白布	m²	10.34	1.0	1.0	1.0	1.0	0.2
	白绸	m²	4.18	1.0	1.0	1.0	1.0	—
	打包带	kg	9.60	0.2	0.2	0.2	0.2	—
	打包铁卡子	个	1.12	20	16	8	6	—
	铝板	kg	20.81	—	—	—	—	138
	木材 方木	m³	2716.33	—	—	—	—	0.009
	铝焊丝 D3	kg	47.38	—	—	—	—	4.13
	铝焊粉	kg	41.32	—	—	—	—	5.08
	乙炔气	kg	14.66	—	—	—	—	11.196
	氧气	m³	2.88	—	—	—	—	31.35
	镀锌木螺钉 M6×100	个	0.33	—	—	—	—	322.2
	乙醇	kg	9.69	—	—	—	—	7.77
机械	交流弧焊机 21kV·A	台班	60.37	0.48	0.25	0.11	0.07	—
	台式钻床 D16	台班	4.27	1.58	0.87	0.50	0.44	5.37
	剪板机 6.3×2000	台班	238.00	0.04	0.04	0.03	0.04	2.79
	折方机 4×2000	台班	32.03	0.04	0.04	0.03	0.04	—
	咬口机 1.5	台班	16.91	0.04	0.04	0.03	0.04	—

工作内容： 1.制作:放样、下料、折方、咬口、开孔、制作箱体、出口短管及加固框、铆铆钉,嵌缝、焊锡。2.安装:找标高、挂葫芦、吊装、找平、找正、固定。

单位：10m²

编　　号				9-284
项　　目				静压箱
预算基价	总　　价(元)			**1849.38**
	人　工　费(元)			1647.00
	材　料　费(元)			160.47
	机　械　费(元)			41.91
组 成 内 容		单位	单价	数　　量
人工	综合工	工日	135.00	12.20
材料	优质镀锌钢板 δ1	m²	—	(11.49)
	热轧角钢 <60	t	3721.43	0.02100
	密封胶 KS型	kg	15.12	2.6
	聚氯乙烯薄膜	kg	12.44	0.07
	镀锌铆钉 M4	kg	9.76	0.10
	洗涤剂	kg	4.80	7.77
	白布	m²	10.34	0.2
	白绸	m²	4.18	0.2
	打包带	kg	9.60	0.1
机械	交流弧焊机 21kV·A	台班	60.37	0.30
	剪板机 6.3×2000	台班	238.00	0.10

二、过 滤 器

工作内容： 开箱、检查、配合钻孔、加垫、口缝涂密封胶、试装、正式安装。

编 号			9-285	9-286	9-287
项 目			高效过滤器安装 （台）	中、低效过滤器安装 （台）	过滤器框架 （100kg）
预算基价	总 价（元）		**67.50**	**10.80**	**1827.83**
	人 工 费（元）		67.50	10.80	756.00
	材 料 费（元）		—	—	1052.86
	机 械 费（元）		—	—	18.97
组 成 内 容	单位	单价	数 量		
人工　综合工	工日	135.00	0.50	0.08	5.60
材料　高效过滤器	台	—	(1)	—	—
中、低效过滤器	台	—	—	(1)	—
热轧角钢 ＜60	t	3721.43	—	—	0.01700
热轧角钢 ＞63	t	3649.53	—	—	0.01400
热轧槽钢 5#～16#	t	3587.47	—	—	0.07380
镀锌六角带帽螺栓 M8×75以内	套	0.43	—	—	23.9
镀锌螺栓 M8×250	个	1.17	—	—	5.6
铝蝶形螺母 M＜12	个	0.33	—	—	5.6
闭孔乳胶海绵 δ5	kg	29.00	—	—	7.10
密封胶 KS型	kg	15.12	—	—	2.6
聚氯乙烯薄膜	kg	12.44	—	—	0.40
电焊条 E4303 D3.2	kg	7.59	—	—	1.90
镀锌铆钉 M4	kg	9.76	—	—	35.10
洗涤剂	kg	4.80	—	—	7.77
白布	m²	10.34	—	—	0.2
白绸	m²	4.18	—	—	0.2
打包带	kg	9.60	—	—	0.1
打包铁卡子	个	1.12	—	—	6
机械　交流弧焊机 21kV·A	台班	60.37	—	—	0.30
台式钻床 D16	台班	4.27	—	—	0.20

三、净化工作台

工作内容： 开箱、检查、配合钻孔、加垫、口缝涂密封胶、试装、正式安装。

单位：台

	编　　号			9-288	
	项　　目			净化工作台安装	
预算基价	总　　价(元)			**259.06**	
	人　工　费(元)			211.95	
	材　料　费(元)			27.01	
	机　械　费(元)			20.10	
	组成内容	单位	单价	数　　量	
人工	综合工	工日	135.00	1.57	
材料	净化工作台	台	—	(1)	
	白布	m²	10.34	1.000	
	白绸	m²	4.18	1.000	
	煤油	kg	7.49	1.667	
机械	载货汽车 5t	台班	443.55	0.009	
	汽车式起重机 8t	台班	767.15	0.021	

四、风 淋 室

工作内容：开箱、检查、配合钻孔、加垫、口缝涂密封胶、试装、正式安装。

单位：台

编 号				9-289	9-290	9-291	9-292
项 目				质量(t以内)			
				0.5	1.0	2.0	3.0
预算基价	总 价(元)			**1414.60**	**2045.05**	**3438.58**	**4116.76**
	人 工 费(元)			1236.60	1857.60	3133.35	3789.45
	材 料 费(元)			157.90	157.90	260.75	260.75
	机 械 费(元)			20.10	29.55	44.48	66.56
组 成 内 容		单位	单价	数 量			
人工	综合工	工日	135.00	9.16	13.76	23.21	28.07
材料	风淋室	台	—	(1)	(1)	(1)	(1)
	白布	m²	10.34	1.000	1.000	1.500	1.500
	白绸	m²	4.18	1.000	1.000	1.500	1.500
	煤油	kg	7.49	19.143	19.143	31.905	31.905
机械	载货汽车 5t	台班	443.55	0.009	0.013	0.019	0.029
	汽车式起重机 8t	台班	767.15	0.021	0.031	0.047	0.070

第十章　不锈钢板通风管道及部件制作、安装

说　明

一、本章适用范围：不锈钢板通风管道制作、安装，不锈钢板通风管道部件制作、安装。

二、不锈钢板矩形风管制作、安装执行本章圆形风管子目。

三、不锈钢板风管制作按手工电弧焊考虑，如需使用手工氩弧焊者，其人工工日乘以系数1.238，材料费乘以系数1.163，机械费乘以系数1.673。

四、不锈钢板风管制作安装子目中包括管件，但不包括法兰和吊托支架；法兰和吊托支架应单独列项计算，执行相应子目。

五、不锈钢板风管子目中的板材如与设计要求厚度不同者可以换算，其人工费、机械费不变。

工程量计算规则

一、风管制作、安装按设计图示尺寸以展开面积计算。检查孔、测定孔、送风口、吸风口所占面积不扣除。风管展开面积不包括风管、管口重叠部分面积。

二、风管长度计算时一律以设计图示中心线长度为准（主管与支管以其中心线交接点划分），包括弯头、三通、变径管、天圆地方等管件的长度，但不得包括部件所占的长度。

三、不锈钢板风管圆形法兰制作按设计图示尺寸以质量计算。

四、不锈钢板风管吊托支架制作、安装按设计图示尺寸以质量计算。

一、不锈钢板圆形风管制作、安装

工作内容： 1.制作：放样、下料、剪切、卷圆、上法兰、点焊,焊接成型、酸洗、钝化。2.安装：找标高、起吊、找正、找平、修整墙洞、固定。　　　　　　　　　　　　　单位：10m²

编　号				9-293	9-294	9-295	9-296	9-297
项　目				不锈钢板圆形风管（电焊）				
				直径×壁厚（mm）				
				200以内×2	400以内×2	560以内×2	700以内×3	700以外×3
预算基价	总　　　价(元)			**10187.01**	**7568.91**	**5570.92**	**5077.67**	**3981.60**
	人　工　费(元)			8525.25	6307.20	4541.40	3893.40	3092.85
	材　料　费(元)			451.29	390.28	347.77	548.39	517.07
	机　械　费(元)			1210.47	871.43	681.75	635.88	371.68
组 成 内 容		单位	单价	数　　　量				
人工	综合工	工日	135.00	63.15	46.72	33.64	28.84	22.91
材料	不锈钢板	m²	—	(10.80)	(10.80)	(10.80)	(10.80)	(10.80)
	不锈钢电焊条 奥102 D<2.5	kg	40.67	8.23	6.73	6.12	—	—
	不锈钢电焊条 奥102 D3.2	kg	40.67	—	—	—	11.02	10.25
	普碳钢板 δ0.5	m²	18.98	0.10	0.10	0.10	0.15	0.15
	铁砂布 0#～2#	张	1.15	26.0	26.0	19.5	19.5	19.5
	沥青油毡 350#	m²	3.83	1.01	1.01	1.11	1.21	1.21
	硝酸	kg	5.56	5.53	5.53	4.00	4.00	4.00
	煤油	kg	7.49	1.95	1.95	1.95	1.95	1.95
	锯条	根	0.42	26	26	21	21	21
	白粉	kg	1.23	3	3	3	3	3
	棉纱	kg	16.11	1.3	1.3	1.3	1.3	1.3
机械	直流弧焊机 20kW	台班	75.06	6.83	5.62	4.84	5.04	3.08
	卷板机 2×1600	台班	230.33	1.49	0.96	0.68	0.55	0.30
	剪板机 6.3×2000	台班	238.00	1.49	0.96	0.68	0.55	0.30

二、不锈钢板通风管道部件制作、安装

工作内容: 1.制作:下料、号料、开孔、钻孔,组对、点焊、焊接成型、酸洗、钝化。2.安装:制垫、加垫、找平、找正、组对、固定、试动。　　　　　　单位:100kg

编　号				9-298	9-299	9-300	9-301
项　目				风口	不锈钢板风管圆形法兰制作(手工氩弧焊、电焊)		吊托支架
					5kg以内	5kg以外	
预算基价	总　　价(元)			**18231.38**	**11466.57**	**6700.98**	**1865.60**
	人　工　费(元)			16429.50	3685.50	1350.00	1066.50
	材　料　费(元)			1327.30	4825.01	4333.47	775.73
	机　械　费(元)			474.58	2956.06	1017.51	23.37
组　成　内　容		单位	单价	数　　量			
人工	综合工	工日	135.00	121.70	27.30	10.00	7.90
材料	不锈钢丝网 D1×10×10	m²	—	(22.20)	—	—	—
	不锈钢板 0Cr18Ni9Ti δ<8	t	15477.15	0.08208	0.23500	0.24380	—
	热轧角钢 <60	t	3721.43	—	—	—	0.06300
	热轧扁钢 <59	t	3665.80	—	—	—	0.02050
	不锈钢六角带帽螺栓 M6×50以内	套	3.07	—	180.0	—	—
	不锈钢六角带帽螺栓 M8×50以内	套	3.31	—	—	63.7	23.2
	不锈钢扁钢 <59	t	14505.30	—	—	—	0.0205
	不锈钢垫圈 M10~12	个	0.59	—	—	—	46.3
	不锈钢电焊条 奥102 D3.2	kg	40.67	1.40	6.30	3.10	0.40
	不锈钢氩弧焊丝 D3	kg	53.22	—	2.7	1.8	—
	耐酸橡胶板 δ3	kg	17.38	—	6.8	3.8	—
	氩气	m³	18.60	—	6.3	3.3	—
	乙炔气	kg	14.66	—	—	—	2.13
	氧气	m³	2.88	—	—	—	5.96
机械	直流弧焊机 20kW	台班	75.06	1.40	3.20	1.20	0.30
	台式钻床 D16	台班	4.27	8.50	0.90	—	0.20
	剪板机 6.3×2000	台班	238.00	1.40	—	—	—
	氩弧焊机 500A	台班	96.11	—	4.10	1.60	—
	普通车床 400×1000	台班	205.13	—	11.30	—	—
	普通车床 630×1400	台班	230.05	—	—	2.30	—
	立式钻床 D35	台班	10.91	—	—	1.40	—
	等离子切割机 400A	台班	229.27	—	—	1.00	—

第十一章　铝板通风管道及部件制作、安装

说　明

一、本章适用范围：铝板通风管道制作、安装,铝板通风管道部件制作、安装。

二、铝板风管制作按气焊考虑,如需使用手工氩弧焊,其人工工日乘以系数1.154,材料费乘以系数0.852,机械费乘以系数9.242。

三、铝板风管制作、安装子目中包括管件,但不包括法兰和吊托支架;法兰和吊托支架应单独列项计算。

四、铝板风管子目中的板材如与设计要求厚度不同者可以换算,但人工费、机械费不变。

工程量计算规则

一、风管制作安装按设计图示尺寸以展开面积计算。检查孔、测定孔、送风口、吸风口所占面积不扣除。风管展开面积不包括风管、管口重叠部分面积。

二、风管长度计算时一律以设计图示中心线长度为准(主管与支管以其中心线交接点划分),包括弯头、三通、变径管、天圆地方等管件的长度,但不得包括部件所占的长度。

三、圆伞形风帽、铝板风管圆、矩形法兰制作按设计图示尺寸以质量计算。

一、铝板风管制作、安装
1.圆形风管制作、安装

工作内容:1.制作:放样、下料、卷圆、折方,制作管件、组对焊接,试漏,清洗焊口。2.安装:找标高、清理墙洞、风管就位、组对焊接、试漏、清洗焊口、固定。

单位:10m²

编　号				9-302	9-303	9-304	9-305	9-306	9-307	9-308	9-309	9-310
项　目				铝板圆形风管(气焊)								
				直径×壁厚(mm)								
				200以内×2	400以内×2	630以内×2	700以内×2	200以内×3	400以内×3	630以内×3	700以内×3	700以外×3
预算基价	总　　　价(元)			**7692.89**	**5679.79**	**4286.88**	**3649.84**	**8371.14**	**6181.74**	**4646.45**	**3971.23**	**3471.87**
	人　工　费(元)			6662.25	4915.35	3697.65	3064.50	7134.75	5255.55	3921.75	3241.35	2812.05
	材　料　费(元)			510.79	431.93	406.58	454.21	660.34	556.21	518.63	584.70	552.10
	机　械　费(元)			519.85	332.51	182.65	131.13	576.05	369.98	206.07	145.18	107.72
组 成 内 容		单位	单价	数　　量								
人工	综合工	工日	135.00	49.35	36.41	27.39	22.70	52.85	38.93	29.05	24.01	20.83
材料	铝板 δ2	m²	—	(10.80)	(10.80)	(10.80)	(10.80)	—	—	—	—	—
	铝板 δ3	kg	—	—	—	—	—	(10.80)	(10.80)	(10.80)	(10.80)	(10.80)
	普碳钢板 δ0.5	m²	18.98	0.10	0.01	0.10	0.15	0.10	0.10	0.10	0.15	0.15
	铝焊丝 D3	kg	47.38	2.52	2.04	1.88	2.16	3.92	3.18	2.92	3.37	3.15
	铝焊粉	kg	41.32	3.09	2.52	2.32	2.67	4.04	3.28	3.01	3.49	3.24
	乙炔气	kg	14.66	6.883	5.561	5.087	5.904	8.817	7.196	6.600	7.643	7.122
	氧气	m³	2.88	19.27	15.57	14.24	16.53	24.69	20.15	18.48	21.40	19.94
	锯条	根	0.42	13.00	11.05	9.10	9.10	13.00	11.05	9.10	9.10	9.10
	煤油	kg	7.49	1.95	1.95	1.95	1.95	1.95	1.95	1.95	1.95	1.95
	烧碱	kg	8.63	2.6	2.6	2.6	2.6	2.6	2.6	2.6	2.6	2.6
	乙醇	kg	9.69	1.3	1.3	1.3	1.3	1.3	1.3	1.3	1.3	1.3
	铁砂布 0#~2#	张	1.15	19.5	19.5	19.5	19.5	19.5	19.5	19.5	19.5	19.5
	沥青油毡 350#	m²	3.83	1.01	1.01	1.11	1.21	1.01	1.01	1.11	1.21	1.21
	棉纱	kg	16.11	1.3	1.3	1.3	1.3	1.3	1.3	1.3	1.3	1.3
	白粉	kg	1.23	2.5	2.5	2.5	2.5	2.5	2.5	2.5	2.4	2.3
机械	剪板机 6.3×2000	台班	238.00	1.11	0.71	0.39	0.28	1.23	0.79	0.44	0.31	0.23
	卷板机 2×1600	台班	230.33	1.11	0.71	0.39	0.28	1.23	0.79	0.44	0.31	0.23

2.矩形风管制作、安装

工作内容：1.制作：放样、下料、卷圆、折方,制作管件、组对焊接,试漏,清洗焊口。2.安装:找标高、清理墙洞、风管就位、组对焊接、试漏、清洗焊口、固定。

单位：10m²

编　　号			9-311	9-312	9-313	9-314	9-315	9-316
项　　目			铝板矩形风管(气焊) 周长×壁厚(mm)					
			800以内×2	1600以内×2	2000以内×2	800以内×3	1800以内×3	2400以内×3
预算基价	总　　　价(元)		**5151.40**	**3188.65**	**2442.97**	**5120.30**	**3363.59**	**2514.98**
	人　工　费(元)		4275.45	2636.55	2038.50	4147.20	2632.50	2038.50
	材　料　费(元)		622.12	368.48	269.45	730.07	512.37	363.07
	机　械　费(元)		253.83	183.62	135.02	243.03	218.72	113.41
组　成　内　容	单位	单价	数　　　　量					
人工　综合工	工日	135.00	31.67	19.53	15.10	30.72	19.50	15.10
材料　铝板 δ2	m²	—	(10.80)	(10.80)	(10.80)	—	—	—
铝板 δ3	kg	—	—	—	—	(10.80)	(10.80)	(10.80)
铝焊丝 D3	kg	47.38	3.10	1.72	1.11	4.39	2.96	1.91
铝焊粉	kg	41.32	3.83	2.11	1.37	4.53	3.05	1.98
乙炔气	kg	14.66	8.461	4.652	3.009	9.970	6.678	4.309
氧气	m³	2.88	23.69	13.03	8.43	27.92	18.70	12.07
锯条	根	0.42	13.00	8.45	7.80	13.00	9.10	7.80
煤油	kg	7.49	2.60	1.95	1.89	2.60	1.95	1.92
烧碱	kg	8.63	4.5	2.6	2.6	2.6	2.6	2.6
乙醇	kg	9.69	1.3	1.3	1.3	1.3	1.3	1.3
铁砂布 0#～2#	张	1.15	19.50	13.00	11.70	19.50	13.00	12.35
沥青油毡 350#	m²	3.83	0.5	0.5	0.5	0.5	0.5	0.5
棉纱	kg	16.11	1.3	1.3	1.3	1.3	1.3	1.3
白粉	kg	1.23	2.5	2.5	2.5	2.5	2.5	2.5
机械　剪板机 6.3×2000	台班	238.00	0.94	0.68	0.50	0.90	0.81	0.42
折方机 4×2000	台班	32.03	0.94	0.68	0.50	0.90	0.81	0.42

二、铝板通风管道部件制作、安装

工作内容： 1.制作：下料、平料、开孔、钻孔,组对、焊铆、攻丝、清洗焊口、组装固定,试动、短管、零件、试漏。2.安装：制垫、加垫、找平、找正、组对、固定、试动。

单位：100kg

编 号				9-317	9-318	9-319	9-320	9-321
项 目				圆伞形风帽	铝板风管圆形法兰制作 (气焊、手工氩弧焊)		铝板风管矩形法兰制作 (气焊、手工氩弧焊)	
					3kg以内	3kg以外	3kg以内	3kg以外
预算基价	总 价(元)			**4686.66**	**16914.10**	**9585.97**	**11606.91**	**7301.35**
	人 工 费(元)			2403.00	7101.00	2646.00	6979.50	2686.50
	材 料 费(元)			2198.86	5665.11	5576.37	3675.30	4181.06
	机 械 费(元)			84.80	4147.99	1363.60	952.11	433.79
组 成 内 容		单位	单价	数 量				
人工	综合工	工日	135.00	17.80	52.60	19.60	51.70	19.90
材料	铝板	kg	20.81	71.47	220.00	234.00	—	—
	铝带 <59	kg	21.22	30.19	—	—	82.70	89.60
	铝六角带帽螺栓 M(6~10)×25	套	0.35	81.73	370.40	135.40	684.90	269.40
	铝垫圈 M10~16	个	0.22	83.31	—	—	—	—
	橡胶板 δ1~3	kg	11.26	1.08	—	—	—	—
	铝焊丝 D3	kg	47.38	0.1	4.7	4.6	12.3	9.1
	铝焊粉	kg	41.32	0.15	2.80	2.10	8.20	7.10
	乙炔气	kg	14.66	0.04	6.04	4.22	1.35	8.48
	氧气	m³	2.88	0.11	16.91	11.82	3.78	23.74
	耐酸橡胶板 δ3	kg	17.38	—	13.8	7.4	23.6	15.9
	氩气	m³	18.60	—	13.0	7.0	3.1	27.6
	铝焊丝 D4	kg	47.38	—	—	—	5.5	10.1
机械	台式钻床 D16	台班	4.27	0.98	1.90	—	—	—
	卷板机 2×1600	台班	230.33	0.35	—	—	—	—
	剪板机 6.3×2000	台班	238.00	—	3.70	0.80	—	—
	氩弧焊机 500A	台班	96.11	—	8.30	3.50	9.60	4.40
	普通车床 400×1000	台班	205.13	—	12.00	—	—	—
	立式钻床 D35	台班	10.91	—	—	2.90	2.70	1.00
	普通车床 630×1400	台班	230.05	—	—	3.50	—	—

第十二章　塑料通风管道及部件制作、安装

说　明

一、本章适用范围：塑料通风管道制作、安装，塑料通风管道部件制作、安装。

二、塑料风管制作、安装子目规格所表示的直径为内径，周长为内周长。

三、塑料风管制作、安装子目中包括管件、法兰、加固框，但不包括吊托支架制作、安装，吊托支架执行设备支架子目。

四、塑料风管制作、安装子目中的主体，板材（指每 10m² 用量为 11.6m² 者）如与设计要求厚度不同可以换算，但人工费、机械费不变。

五、塑料风管制作、安装子目中的法兰垫料如与设计要求使用品种不同可以换算，但人工费不变。

六、塑料通风管道胎具材料摊销费的计算方法：塑料风管管件制作的胎具摊销材料费，未包括在基价内，按以下规定另行计算。

风管工程量在 30m² 以上的，每 10m² 风管的胎具摊销木材为 0.06m³，按材料价格计算胎具材料摊销费。

风管工程量在 30m² 以下的，每 10m² 风管的胎具摊销木材为 0.09m³，按材料价格计算胎具材料摊销费。

工程量计算规则

一、风管制作、安装按设计图示尺寸以展开面积计算。检查孔、测定孔、送风口、吸风口所占面积不扣除。风管展开面积不包括风管、管口重叠部分面积。

二、风管长度计算时一律以设计图示中心线长度为准(主管与支管以其中心线交接点划分),包括弯头、三通、变径管、天圆地方等管件的长度,但不得包括部件所占的长度。

三、柔性接口及伸缩节制作、安装应依连接方式按设计图示尺寸以展开面积计算。

四、分布器、风口、散流器的制作、安装按其成品质量计算。

五、阀类的制作均按其质量计算;非标准阀类制作按成品质量计算。阀类为成品安装时制作不再计算。

六、风帽、罩类的制作均按其质量计算;非标准罩类制作按成品质量计算。罩类为成品安装时制作不再计算。

一、塑料风管制作、安装

工作内容: 1.制作:放样、锯切、坡口、加热成型,制作法兰、管件,钻孔、组合焊接。2.安装:就位、制垫、加垫、法兰连接、找正、找平、固定。 单位:10m²

编　号			9-322	9-323	9-324	9-325	9-326	9-327	9-328	9-329	9-330
项　目			塑料圆形风管 直径×壁厚(mm)				塑料矩形风管 周长×壁厚(mm)				
			300以内 ×3	630以内 ×4	1000以内 ×5	2000以内 ×6	1300以内 ×3	2000以内 ×4	3200以内 ×5	4500以内 ×6	6500以内 ×8
预算基价	总　　　价(元)		**5839.72**	**3624.47**	**3546.48**	**3855.25**	**4215.71**	**4105.94**	**3937.20**	**3760.45**	**3655.70**
	人　工　费(元)		5022.00	3111.75	3033.45	3356.10	3750.30	3572.10	3384.45	3334.50	2992.95
	材　料　费(元)		261.39	220.26	190.39	186.99	191.59	250.04	250.87	150.58	387.95
	机　械　费(元)		556.33	292.46	322.64	312.16	273.82	283.80	301.88	275.37	274.80
组 成 内 容		单位	单价	数　　量							
人工	综合工	工日	135.00	37.20	23.05	22.47	24.86	27.78	26.46	25.07	24.70	22.17
材料	硬聚氯乙烯板 δ3~8	m²	—	(11.6)	(11.6)	(11.6)	(11.6)	(11.6)	(11.6)	(11.6)	(11.6)	(11.6)
	硬聚氯乙烯板 δ6	m²	93.45	0.61	0.07	0.46	—	0.04	0.82	—	—	—
	硬聚氯乙烯板 δ8	m²	122.87	0.35	0.75	0.06	0.41	0.58	0.52	0.91	—	—
	硬聚氯乙烯板 δ12	kg	11.60	—	—	0.64	0.61	—	—	0.57	1.46	—
	硬聚氯乙烯板 δ14	m²	221.95	—	—	—	—	—	—	—	—	1.12
	软聚氯乙烯板 δ4	m²	53.28	0.57	0.45	0.38	0.37	0.29	0.26	0.28	0.30	0.31
	精制六角带帽螺栓 M8×75以内	套	0.59	115	80	—	—	65	52	—	—	—
	精制六角带帽螺栓 M10×75以内	套	0.76	—	—	52	42	—	—	48	45	42
	垫圈 M2~8	个	0.03	230	160	—	—	—	—	—	—	—
	垫圈 M10~20	个	0.14	—	—	104	84	130	104	96	90	84
	硬聚氯乙烯焊条 D4	kg	11.23	5.01	4.06	5.19	5.89	3.97	4.49	6.02	6.31	7.05
机械	台式钻床 D16	台班	4.27	0.66	0.46	0.30	0.27	0.35	0.31	0.29	0.26	0.30
	坡口机 2.8kW	台班	32.84	0.42	0.29	0.32	0.36	0.31	0.38	0.39	0.39	0.41
	电动空气压缩机 0.6m³	台班	38.51	6.71	4.85	5.67	5.72	6.05	6.60	7.12	6.46	6.43
	弓锯床 D250	台班	24.53	0.19	0.13	0.16	0.15	0.15	0.20	0.21	0.22	0.21
	箱式加热炉 45kW	台班	121.34	2.28	0.75	0.73	0.62	0.21	0.09	0.07	0.06	0.06

二、塑料通风管道部件制作、安装

1.塑料蝶阀

工作内容：1.制作：放样、锯切、坡口、加热成型,制作短管、零件及法兰,钻孔、焊接、组合成型。2.安装：制垫、加垫、法兰连接、找正、找平、紧固、装拉链、试动。

单位：100kg

编　号			9-331	9-332	9-333	9-334
项　目			蝶阀T354-1		插板阀T351-1、T355	
			圆形	方形、矩形	圆形	方形、矩形
预算基价	总　　　价(元)		**10250.23**	**8393.71**	**12947.46**	**9945.07**
	人　工　费(元)		7249.50	5597.10	9571.50	7020.00
	材　料　费(元)		2223.29	2153.37	1901.98	1818.78
	机　械　费(元)		777.44	643.24	1473.98	1106.29
组 成 内 容		单位	单价	数　　量		
人工	综合工	工日	135.00	53.70	41.46	70.90	52.00
材料	硬聚氯乙烯板 δ2～30	kg	12.29	131	116	116	116
	软聚氯乙烯板 δ2～8	kg	11.40	10.9	11.5	11.1	6.7
	精制六角带帽螺栓 M8×75以内	套	0.59	392.7	453.0	49.2	34.3
	精制六角带帽螺栓 M10×75以内	套	0.76	—	—	3.08	—
	铝蝶形螺母 M<12	个	0.33	17.0	17.0	3.1	—
	垫圈 M10～20	个	0.14	755.3	940.8	640.0	465.4
	硬聚氯乙烯焊条 D4	kg	11.23	13.0	17.1	17.5	18.9
	耐酸橡胶板 δ3	kg	17.38	—	—	1.80	1.10
机械	台式钻床 D16	台班	4.27	1.86	1.40	2.80	2.10
	普通车床 400×1000	台班	205.13	1.16	1.16	—	—
	坡口机 2.8kW	台班	32.84	0.13	0.10	1.20	0.90
	电动空气压缩机 0.6m³	台班	38.51	12.79	9.59	28.30	21.23
	弓锯床 D250	台班	24.53	0.13	0.10	1.20	0.90
	箱式加热炉 45kW	台班	121.34	0.26	0.20	2.50	1.88

2. 分 布 器

工作内容：1.制作：放样、锯切、坡口、编织网格、制作网框、异型管及法兰、加热成型、组合成型。 2.安装：制垫、加垫、找正、焊接、固定。 单位：100kg

编 号				9-335	9-336	9-337	9-338	9-339	9-340	9-341
项 目				楔形空气分布器				圆形空气分布器		矩形空气分布器 T231-2
				网格式T231-1		活动百叶式T231-1		T234-3		
				5kg 以内	5kg 以外	10kg 以内	10kg 以内	10kg 以内	10kg 以外	
预算基价	总 价(元)			**12538.26**	**8340.49**	**11657.37**	**7562.68**	**8609.32**	**6281.31**	**7843.75**
	人 工 费(元)			9354.15	5791.50	8415.90	5094.90	6154.65	4218.75	5428.35
	材 料 费(元)			1905.83	1790.60	1695.66	1610.50	1720.11	1590.54	1714.42
	机 械 费(元)			1278.28	758.39	1545.81	857.28	734.56	472.02	700.98
组 成 内 容		单位	单价	数 量						
人工	综合工	工日	135.00	69.29	42.90	62.34	37.74	45.59	31.25	40.21
材料	硬聚氯乙烯板 δ2～30	kg	12.29	120	120	120	120	120	120	120
	软聚氯乙烯板 δ2～8	kg	11.40	4.7	3.2	2.6	1.6	3.6	1.6	1.6
	精制六角带帽螺栓 M8×75以内	套	0.59	169.5	98.0	95.5	49.4	129.4	49.8	60.7
	垫圈 M2～8	个	0.03	339.0	196.0	191.0	98.8	258.8	99.6	121.4
	硬聚氯乙烯焊条 D4	kg	11.23	23.8	19.2	11.5	7.6	10.7	5.8	16.2
机械	台式钻床 D16	台班	4.27	0.38	0.30	1.66	0.91	0.39	0.25	0.24
	坡口机 2.8kW	台班	32.84	0.58	0.38	0.28	0.19	0.13	0.13	0.25
	电动空气压缩机 0.6m³	台班	38.51	12.82	10.29	11.45	8.31	10.54	7.86	10.24
	弓锯床 D250	台班	24.53	0.77	0.45	0.55	0.43	0.79	0.70	0.45
	箱式加热炉 45kW	台班	121.34	6.14	2.78	5.10	2.10	2.50	1.21	2.36
	立式钻床 D35	台班	10.91	—	—	2.90	1.62	—	—	—
	普通车床 400×1000	台班	205.13	—	—	2.07	1.19	—	—	—

3.散流器、风口

工作内容: 1.制作:放样、锯切、坡口、制作外框零件及法兰、钻孔、加热成型、组合成型。2.安装:制垫、加垫、找正、连接、固定。

单位:100kg

编 号			9-342	9-343	9-344	9-345
项 目			直片式散流器T235-1		插板式风口T236-1	
			10kg以内	10kg以外	圆形	矩形
预算基价	总 价(元)		**21707.52**	**11499.47**	**15304.08**	**12195.52**
	人 工 费(元)		17648.55	8776.35	11839.50	8880.30
	材 料 费(元)		1807.34	1645.12	1682.81	1533.45
	机 械 费(元)		2251.63	1078.00	1781.77	1781.77
组 成 内 容	单位	单价	数 量			
人工 综合工	工日	135.00	130.73	65.01	87.70	65.78
材料 硬聚氯乙烯板 $\delta2\sim30$	kg	12.29	120	120	116	116
软聚氯乙烯板 $\delta2\sim8$	kg	11.40	4.2	2.2	—	—
硬聚氯乙烯棒	kg	14.03	6.36	3.29	—	—
精制六角带帽螺栓 M8×75以内	套	0.59	154.0	66.7	—	—
垫圈 M2～8	个	0.03	307.7	143.0	—	—
开口销 1～5	个	0.11	39.76	13.99	—	—
硬聚氯乙烯焊条 D4	kg	11.23	8.1	4.8	22.9	9.6
机械 台式钻床 D16	台班	4.27	1.71	0.78	—	—
普通车床 400×1000	台班	205.13	3.17	1.57	—	—
坡口机 2.8kW	台班	32.84	0.49	0.26	0.13	0.13
电动空气压缩机 0.6m³	台班	38.51	14.39	8.36	19.77	19.77
弓锯床 D250	台班	24.53	0.73	0.44	1.16	1.16
箱式加热炉 45kW	台班	121.34	8.29	3.39	8.14	8.14

4.风　帽

工作内容：1.制作：放样、锯切、坡口、制作法兰及零件、钻孔、组合成型。2.安装：制垫、加垫、上螺栓、拉笋绳、固定。

单位：100kg

编　号				9-346	9-347	9-348	9-349	9-350	9-351	9-352
项　目				圆伞形风帽 T654-1	锥形风帽 T654-2			筒形风帽 T654-3		
					20kg以内	40kg以内	40kg以外	20kg以内	40kg以内	40kg以外
预算基价	总　　价（元）			**6249.68**	**8946.36**	**6249.97**	**4946.34**	**8915.58**	**5901.50**	**4926.96**
	人工费（元）			4090.50	6385.50	4104.00	3105.00	6345.00	3780.00	3078.00
	材料费（元）			1632.02	1631.65	1607.57	1556.38	1641.37	1583.10	1564.00
	机械费（元）			527.16	929.21	538.40	284.96	929.21	538.40	284.96
组　成　内　容		单位	单价	数　　量						
人工	综合工	工日	135.00	30.30	47.30	30.40	23.00	47.00	28.00	22.80
材料	软聚氯乙烯板 $\delta2\sim8$	kg	11.40	2.30	1.90	1.10	0.60	1.90	0.90	0.70
	硬聚氯乙烯板 $\delta2\sim30$	kg	12.29	122.00	122.00	122.00	122.00	122.00	122.00	122.00
	精制六角带帽螺栓 M8×75以内	套	0.59	68.7	66.5	31.4	—	59.0	24.9	16.3
	精制六角带帽螺栓 M10×75以内	套	0.76	—	—	—	12.60	—	—	—
	垫圈 M2～8	个	0.03	137.4	133.0	62.8	—	118.0	49.8	32.6
	垫圈 M10～20	个	0.14	—	—	—	25.2	—	—	—
	硬聚氯乙烯焊条 D4	kg	11.23	5.50	6.00	6.70	3.30	7.30	5.10	4.10
机械	台式钻床 D16	台班	4.27	0.50	0.40	0.20	0.10	0.40	0.20	0.10
	坡口机 2.8kW	台班	32.84	0.30	0.50	0.40	0.20	0.50	0.40	0.20
	电动空气压缩机 0.6m³	台班	38.51	7.20	10.80	8.70	5.20	10.80	8.70	5.20
	弓锯床 D250	台班	24.53	0.30	0.40	0.30	0.20	0.40	0.30	0.20
	箱式加热炉 45kW	台班	121.34	1.90	4.00	1.50	0.60	4.00	1.50	0.60

5.罩　类

工作内容：1.制作：放样、锯切、坡口、加热成型、制作短管、零件及法兰、钻孔、焊接、组合成型。2.安装：制垫、加垫、找正、紧固。　　　　单位：100kg

	编　　号			9-353	9-354	9-355	9-356	9-357	9-358	9-359	9-360
	项　　目			槽边侧吸罩 T451-1		槽边风罩 T451-2		条缝槽边抽风罩 94T415			各型风罩调节阀
				分组式	整体式	吹	吸	周边	单侧	双侧	
预算基价	总　　价(元)			**9447.19**	**7264.39**	**8914.06**	**7025.43**	**6274.15**	**6522.19**	**5897.46**	**10273.50**
	人　工　费(元)			7074.00	5089.50	6458.40	4968.00	4266.00	4441.50	3888.00	7020.00
	材　料　费(元)			1693.87	1708.19	1776.34	1590.73	1542.31	1614.85	1543.62	2031.60
	机　械　费(元)			679.32	466.70	679.32	466.70	465.84	465.84	465.84	1221.90
	组成内容	单位	单价	数　　　量							
人工	综合工	工日	135.00	52.40	37.70	47.84	36.80	31.60	32.90	28.80	52.00
材料	硬聚氯乙烯板 δ2～30	kg	12.29	116	122	116	116	116	116	116	116
	软聚氯乙烯板 δ2～8	kg	11.40	5.7	4.3	7.0	3.2	1.6	4.0	1.6	19.6
	精制六角带帽螺栓 M8×75以内	套	0.59	158.2	131.8	244.0	107.6	49.5	100.0	44.4	297.6
	精制蝶形带帽螺栓 M8×30	套	0.67	—	—	—	—	—	—	—	29.8
	垫圈 M2～8	个	0.03	332.3	263.6	488.0	224.2	98.9	200.0	93.2	654.8
	硬聚氯乙烯焊条 D4	kg	11.23	8.9	6.6	10.0	5.2	5.9	7.0	6.3	14.9
机械	台式钻床 D16	台班	4.27	0.50	0.40	0.50	0.40	0.20	0.20	0.20	0.50
	坡口机 2.8kW	台班	32.84	0.80	0.50	0.80	0.50	0.50	0.50	0.50	0.80
	电动空气压缩机 0.6m³	台班	38.51	12.30	9.00	12.30	9.00	9.00	9.00	9.00	12.30
	弓锯床 D250	台班	24.53	0.30	0.20	0.30	0.20	0.20	0.20	0.20	0.30
	箱式加热炉 45kW	台班	121.34	1.40	0.80	1.40	0.80	0.80	0.80	0.80	0.80
	普通车床 400×1000	台班	205.13	—	—	—	—	—	—	—	3.00

6.柔性接口及伸缩节

工作内容：1.制作:放样、锯切、坡口、制作套管及伸缩圈、加热成型、焊接。2.安装:找平、找正、连接、固定。

单位：m²

编 号				9-361	9-362
项 目				无法兰	有法兰
预算基价	总 价(元)			**459.59**	**1163.32**
	人 工 费(元)			353.70	904.50
	材 料 费(元)			77.78	175.41
	机 械 费(元)			28.11	83.41
组 成 内 容		单位	单价	数 量	
人工	综合工	工日	135.00	2.62	6.70
材料	软聚氯乙烯板 δ2~8	kg	11.40	6.26	7.22
	硬聚氯乙烯板 δ2~30	kg	12.29	—	4.59
	软聚氯乙烯焊条 D4	kg	11.66	0.55	0.66
	硬聚氯乙烯焊条 D4	kg	11.23	—	0.31
	精制六角带帽螺栓 M8×75以内	套	0.59	—	14.0
	精制六角带帽螺栓 M10×75以内	套	0.76	—	9.75
	精制六角带帽螺栓 M12×75以内	套	1.04	—	4.75
	垫圈 M2~8	个	0.03	—	28.0
	垫圈 M10~20	个	0.14	—	29.0
机械	电动空气压缩机 0.6m³	台班	38.51	0.73	1.47
	台式钻床 D16	台班	4.27	—	0.16
	坡口机 2.8kW	台班	32.84	—	0.10
	弓锯床 D250	台班	24.53	—	0.09
	箱式加热炉 45kW	台班	121.34	—	0.17

第十三章　玻璃钢通风管道及部件安装

说　明

一、本章适用范围：玻璃钢通风管道安装、玻璃钢通风管道部件安装。

二、玻璃钢通风管道安装子目中,包括弯头、三通、变径管、天圆地方等管件的安装及法兰、加固框和吊托架的制作、安装,不包括过跨风管落地支架。落地支架执行设备支架子目。

三、玻璃钢风管及管件按计算工程量加损耗外加工定作考虑,其价值按实际价格;风管修补应由加工单位负责,其费用按实际价格发生,计算在主材费内。

工程量计算规则

一、风管安装按设计图示尺寸以展开面积计算。检查孔、测定孔、送风口、吸风口所占面积不扣除。风管展开面积不包括风管、管口重叠部分面积。

二、风管长度计算时一律以设计图示中心线长度为准(主管与支管以其中心线交接点划分),包括弯头、三通、变径管、天圆地方等管件的长度,但不得包括部件所占的长度。

三、部件安装依据成品质量按设计图示数量计算。

一、玻璃钢风管安装

工作内容：找标高、打支架墙洞、配合预留孔洞、吊托支架制作及埋设、风管配合修补、粘接、组装就位、找平、找正、制垫、加垫、上螺栓、紧固。**单位**：10m²

编　　号			9-363	9-364	9-365	9-366	9-367	9-368	9-369	9-370
项　　目			玻璃钢圆形风管(δ＝4mm以内)				玻璃钢矩形风管(δ＝4mm以内)			
			直径(mm)				周长(mm)			
			200 以内	500 以内	1120 以内	1120 以外	800 以内	2000 以内	4000 以内	4000 以外
预算基价	总　　　价(元)		**1435.02**	**801.20**	**624.63**	**771.63**	**1049.80**	**641.68**	**485.00**	**570.91**
	人　工　费(元)		1279.80	668.25	499.50	633.15	826.20	492.75	371.25	449.55
	材　料　费(元)		133.21	124.38	120.82	136.60	209.56	142.47	110.69	119.04
	机　械　费(元)		22.01	8.57	4.31	1.88	14.04	6.46	3.06	2.32
组　成　内　容	单位	单价	数　　量							
人工	综合工	工日	135.00	9.48	4.95	3.70	4.69	6.12	3.65	2.75	3.33
材料	玻璃钢风管 1.5～4.0	m²	—	(10.32)	(10.32)	(10.32)	(10.32)	(10.32)	(10.32)	(10.32)	(10.32)
	热轧角钢 ＜60	t	3721.43	0.00862	0.01264	0.01402	0.01485	0.01617	0.01426	0.01408	0.01816
	热轧扁钢 ＜59	t	3665.80	0.00413	0.00142	0.00086	0.00371	0.00086	0.00053	0.00045	0.00041
	圆钢 $D5.5～9.0$	t	3896.14	0.00293	0.00190	0.00075	0.00012	0.00135	0.00193	0.00149	0.00008
	圆钢 $D10～14$	t	3926.88	—	—	0.00121	0.00490	—	—	—	0.00185
	精制六角带帽螺栓 M8×75以内	套	0.59	93.5	78.9	—	—	185.9	99.6	—	—
	精制六角带帽螺栓 M10×75以内	套	0.76	—	—	56.7	42.9	—	—	47.3	36.9
	橡胶板 $\delta1～3$	kg	11.26	1.40	1.24	0.97	0.92	1.84	1.30	0.92	0.81
	电焊条 E4303 $D3.2$	kg	7.59	0.17	0.14	0.06	0.04	0.90	0.42	0.18	0.14
	氧气	m³	2.88	0.29	0.39	0.41	0.59	0.46	0.41	0.39	0.51
	乙炔气	kg	14.66	0.104	0.139	0.148	0.209	0.165	0.148	0.139	0.183
机械	交流弧焊机 21kV·A	台班	60.37	0.064	0.052	0.020	0.010	0.200	0.090	0.040	0.030
	台式钻床 $D16$	台班	4.27	0.28	0.24	0.17	0.14	0.46	0.24	0.15	0.12
	法兰卷圆机 L40×4	台班	33.91	0.50	0.13	0.07	0.02	—	—	—	—

工作内容：找标高、打支架墙洞、配合预留孔洞、吊托支架制作及埋设、风管配合修补、粘接、组装就位、找平、找正、制垫、加垫、上螺栓、紧固。 **单位：**10m²

编　号			9-371	9-372	9-373	9-374	9-375	9-376	9-377	9-378
项　目			玻璃钢圆形风管(δ=4mm以外)				玻璃钢矩形风管(δ=4mm以外)			
			直径(mm)				周长(mm)			
			200 以内	500 以内	1120 以内	1120 以外	800 以内	2000 以内	4000 以内	4000 以外
预算基价	总　　　价(元)		**1823.44**	**1006.54**	**786.86**	**976.59**	**1306.99**	**789.12**	**601.20**	**710.32**
	人　工　费(元)		1663.20	869.40	649.35	823.50	1074.60	641.25	483.30	584.55
	材　料　费(元)		138.23	128.57	133.20	151.21	218.35	141.41	114.84	123.45
	机　械　费(元)		22.01	8.57	4.31	1.88	14.04	6.46	3.06	2.32
组　成　内　容	单位	单价	数　　　量							
人工 综合工	工日	135.00	12.32	6.44	4.81	6.10	7.96	4.75	3.58	4.33
材料 玻璃钢风管 4.0以外	m²	—	(10.32)	(10.32)	(10.32)	(10.32)	(10.32)	(10.32)	(10.32)	(10.32)
热轧角钢 ＜60	t	3721.43	0.00862	0.01264	0.01402	0.01485	0.01617	0.01426	0.01408	0.01816
热轧角钢 ＞63	t	3649.53	—	—	0.00233	0.00319	—	—	0.00016	0.00026
热轧扁钢 ＜59	t	3665.80	0.00413	0.00142	0.00086	0.00371	0.00086	0.00053	0.00045	0.00041
圆钢 D5.5～9.0	t	3896.14	0.00293	0.00190	0.00075	0.00012	0.00135	0.00193	0.00149	0.00008
圆钢 D10～14	t	3926.88	—	—	0.00121	0.00490	—	—	—	0.00185
精制六角带帽螺栓 M8×75以内	套	0.59	102.0	86.0	—	—	200.8	97.8	—	—
精制六角带帽螺栓 M10×75以内	套	0.76	—	—	61.8	46.8	—	—	51.6	40.2
橡胶板 δ1～3	kg	11.26	1.40	1.24	0.97	0.92	1.84	1.30	0.92	0.86
电焊条 E4303 D3.2	kg	7.59	0.17	0.14	0.06	0.04	0.90	0.42	0.18	0.14
乙炔气	kg	14.66	0.104	0.139	0.148	0.209	0.165	0.148	0.152	0.200
氧气	m³	2.88	0.29	0.39	0.41	0.59	0.46	0.41	0.43	0.56
机械 交流弧焊机 21kV·A	台班	60.37	0.064	0.052	0.020	0.010	0.200	0.090	0.040	0.030
台式钻床 D16	台班	4.27	0.28	0.24	0.17	0.14	0.46	0.24	0.15	0.12
法兰卷圆机 L40×4	台班	33.91	0.50	0.13	0.07	0.02	—	—	—	—

二、玻璃钢通风管道部件安装

工作内容：组对、组装就位、找平、找正、制垫、加垫、上螺栓、拉箭绳、固定。

单位：个

编　号			9-379	9-380	9-381	9-382	9-383	9-384
项　目			圆伞形风帽		锥形风帽		筒形风帽	
			10kg以内	10kg以外	25kg以内	25kg以外	50kg以内	50kg以外
预算基价	总　　价(元)		**755.56**	**315.20**	**521.54**	**321.22**	**404.90**	**173.57**
	人　工　费(元)		673.65	272.70	472.50	292.95	340.20	137.70
	材　料　费(元)		77.00	40.15	46.73	27.03	57.65	31.86
	机　械　费(元)		4.91	2.35	2.31	1.24	7.05	4.01
组 成 内 容	单位	单价	数　　量					
人工　综合工	工日	135.00	4.99	2.02	3.50	2.17	2.52	1.02
材料　玻璃钢管道部件	个	—	(1)	(1)	(1)	(1)	(1)	(1)
精制六角带帽螺栓 M8×75以内	套	0.59	105.7	50.5	71.0	39.7	89.5	47.9
橡胶板 δ1～3	kg	11.26	1.30	0.92	0.43	0.32	0.43	0.32
机械　台式钻床 D16	台班	4.27	1.15	0.55	0.54	0.29	1.65	0.94

第十四章　复合型风管制作、安装

说　明

一、本章适用范围：复合型风管制作、安装。

二、风管子目规格表示的直径为内径,周长为内周长。

三、风管制作、安装子目中包括管件、法兰、加固框、吊托支架的制作、安装。

工程量计算规则

一、风管制作、安装按设计图示尺寸以展开面积计算。检查孔、测定孔、送风口、吸风口所占面积不扣除。

二、风管长度计算时一律以设计图示中心线长度为准（主管与支管以其中心线交接点划分），包括弯头、三通、变径管、天圆地方等管件的长度,但不得包括部件所占的长度。

一、复合型酚醛风管制作、安装

1.法兰圆形风管

工作内容：1.制作：放样、切割、开槽、成型、制作管体、钻孔、组合等。2.安装：找标高、打支架墙洞、配合预留孔洞、埋设吊托支架、组装、风管就位、制垫、加垫、固定等。

单位：10m²

编　号			9-385	9-386	9-387	9-388
项　目			直径(mm以内)			
			300	630	1000	2000
预算基价	总　　价(元)		**289.96**	**184.22**	**189.92**	**210.04**
	人　工　费(元)		193.05	118.80	114.75	122.85
	材　料　费(元)		46.41	31.26	41.36	49.29
	机　械　费(元)		50.50	34.16	33.81	37.90
组成内容		单位	单价	数　　量		
人工	综合工	工日	135.00	1.43	0.88	0.85	0.91
材料	复合型板材	m²	—	(11.60)	(11.60)	(11.60)	(11.60)
	热敏铝箔胶带 64.0	m	—	(35.12)	(20.36)	(13.53)	(8.49)
	热轧扁钢 ＜59	t	3665.80	0.00664	0.00477	0.00378	0.00444
	圆钢 D5.5～9.0	t	3896.14	0.00488	0.00275	0.00538	0.00709
	膨胀螺栓 M10	套	1.53	2.00	2.00	1.50	—
	膨胀螺栓 M12	套	1.75	—	—	—	1.00
	精制六角螺母 M6～10	个	0.09	—	—	35.4	30.3
	垫圈 M2～8	个	0.03	—	—	35.4	30.3
机械	开槽机	台班	223.12	0.18	0.12	0.13	0.15
	封口机	台班	36.93	0.28	0.20	0.13	0.12

2.法兰矩形风管

工作内容：1.制作：放样、切割、开槽、成型、制作管体、钻孔、组合等。2.安装：找标高、打支架墙洞、配合预留孔洞、埋设吊托支架、组装、风管
就位、制垫、加垫、固定等。

单位：10m²

编 号				9-389	9-390	9-391	9-392
项 目				长边长（mm）			
				300以内	630以内	1000以内	1000以外
预算基价	总 价（元）			**254.02**	**217.07**	**227.61**	**222.98**
	人 工 费（元）			137.70	129.60	128.25	114.75
	材 料 费（元）			75.82	47.34	59.60	63.27
	机 械 费（元）			40.50	40.13	39.76	44.96
组 成 内 容		单位	单价	数 量			
人工	综合工	工日	135.00	1.02	0.96	0.95	0.85
材料	复合型板材	m²	—	(11.80)	(11.80)	(11.80)	(11.80)
	热敏铝箔胶带 64.0	m	—	(21.23)	(18.04)	(18.52)	(10.27)
	热轧角钢 <60	t	3721.43	0.01187	0.00473	0.00298	0.00440
	圆钢 $D5.5\sim9.0$	t	3896.14	0.00612	0.00430	0.00800	0.00790
	镀锌薄钢板 $\delta1.0\sim1.5$	t	4382.09	0.00071	0.00126	0.00126	0.00165
	膨胀螺栓 M10	套	1.53	1.50	1.50	1.50	—
	膨胀螺栓 M12	套	1.75	—	—	—	1.00
	自攻螺钉 M4×12	个	0.06	40.0	40.0	50.0	50.0
	精制六角螺母 M6~10	个	0.09	—	23.1	54.4	34.5
	垫圈 M2~8	个	0.03	—	23.1	54.4	34.5
机械	开槽机	台班	223.12	0.16	0.16	0.16	0.18
	封口机	台班	36.93	0.13	0.12	0.11	0.13

二、复合型玻纤、玻镁风管制作、安装
1.法兰圆形风管

工作内容: 1.制作:放样、切割、开槽、成型、制作管体、钻孔、组合等。2.安装:找标高、打支架墙洞、配合预留孔洞、埋设吊托支架、组装、风管就位、制垫、加垫、固定等。

单位:10m²

编 号			9-393	9-394	9-395	9-396
项 目			直径(mm以内)			
			300	630	1000	2000
预算基价	总 价(元)		**414.18**	**292.96**	**297.62**	**317.77**
	人 工 费(元)		228.15	140.40	135.00	144.45
	材 料 费(元)		145.87	125.79	133.61	139.85
	机 械 费(元)		40.16	26.77	29.01	33.47
组 成 内 容		单位	单价	数 量		
人工	综合工	工日	135.00	1.69	1.04	1.00	1.07
材料	复合型板材	m²	—	(12.00)	(12.00)	(12.00)	(12.00)
	热轧扁钢 <59	t	3665.80	0.00664	0.00477	0.00378	0.00444
	圆钢 D5.5~9.0	t	3896.14	0.00488	0.00275	0.00538	0.00709
	膨胀螺栓 M10	套	1.53	2.00	2.00	1.50	—
	膨胀螺栓 M12	套	1.75	—	—	—	1.00
	精制六角螺母 M6~10	个	0.09	—	—	35.4	30.3
	垫圈 M2~8	个	0.03	—	—	35.4	30.3
	复合风管专用胶粘剂	kg	45.50	1.928	1.928	1.928	1.928
	玻璃丝布 δ0.2	m²	3.12	3.76	2.18	1.45	0.91
机械	开槽机	台班	223.12	0.18	0.12	0.13	0.15

2.法兰矩形风管

工作内容： 1.制作:放样、切割、开槽、成型、制作管体、钻孔、组合等。2.安装:找标高、打支架墙洞、配合预留孔洞、埋设吊托支架、组装、风管就位、制垫、加垫、固定等。

单位：10m²

	编　　号			9-397	9-398	9-399	9-400
	项　　目			长边长（mm）			
				300以内	630以内	1000以内	1000以外
预算基价	总　　价(元)			**409.97**	**392.35**	**403.85**	**410.51**
	人　工　费(元)			137.70	152.55	151.20	135.00
	材　料　费(元)			236.57	204.10	216.95	235.35
	机　械　费(元)			35.70	35.70	35.70	40.16
	组 成 内 容	单位	单价	数　　　量			
人工	综合工	工日	135.00	1.02	1.13	1.12	1.00
材料	复合型板材	m²	—	(12.20)	(12.20)	(12.20)	(12.20)
	密封胶 KS型	kg	15.12	—	—	—	0.010
	热轧角钢 ＜60	t	3721.43	0.01187	0.00473	0.00298	0.00440
	圆钢 D5.5～9.0	t	3896.14	0.00612	0.00430	0.00800	0.00790
	镀锌薄钢板 δ1.0～1.5	t	4382.09	0.00071	0.00126	0.00126	0.00165
	膨胀螺栓 M10	套	1.53	1.50	1.50	1.50	—
	膨胀螺栓 M12	套	1.75	—	—	—	1.00
	自攻螺钉 M4×12	个	0.06	40.0	40.0	50.0	50.0
	精制六角螺母 M6～10	个	0.09	—	23.1	54.4	62.5
	垫圈 M2～8	个	0.03	—	23.1	54.4	34.5
	镀锌圆钢吊杆 带4个螺母4个垫圈D8	根	9.15	—	—	—	1.070
	复合风管专用胶粘剂	kg	45.50	2.950	2.950	2.950	2.950
	橡塑保温套管 d10	m	6.43	—	—	—	1.100
	玻璃丝布 δ0.2	m²	3.12	8.50	7.22	7.41	5.87
机械	开槽机	台班	223.12	0.16	0.16	0.16	0.18

第十五章　人防设备安装

说　　明

一、本章适用范围：人防设备工程中通风空调设备及部件制作、安装，通风管道部件制作、安装，防护设备、设施安装。

二、手摇（脚踏）电动两用风机安装，其支架按设备配套考虑，若自行制作，按设备支架子目另行计算。

三、电动密闭阀安装执行手动密闭阀子目，人工工日乘以系数1.05。

四、手（电）动密闭阀安装子目包括一副法兰，两副法兰螺栓及橡胶石棉垫圈，如为一侧接管时，基价人工工日乘以系数0.60，材料费、机械费减半。基价不包括吊托支架制作与安装，如发生按设备支架子目另行计算。

五、除尘过滤器、过滤吸收器安装子目不包括支架制作、安装，其支架制作、安装执行设备支架子目。

六、探头式含磷毒气报警器安装包括探头固定数和三角支架制作、安装，报警器保护孔按建筑预算考虑。

七、γ射线报警器探头安装孔基价子目按钢套管编制，地脚螺栓（M12×200，6个）按设备配套考虑，基价包括安装孔孔底电缆穿管，但不包括电缆敷设。如设计电缆穿管长度大于0.5m，超过部分另外执行相应基价子目。

八、密闭穿墙管子目依据《人防工程大样图集》2002RF编制。穿墙管密闭子目填料按油麻丝、黄油封堵考虑，如填料不同，基价不做调整。

九、密闭穿墙管制作安装基价分类：Ⅰ型为薄钢板风管直接浇入混凝土墙内的密闭穿墙管；Ⅱ型为取样管用密闭穿墙管；Ⅲ型为薄钢板风管通过套管穿墙的密闭穿墙管。

十、密闭穿墙管基价按墙厚0.3m编制，如与设计墙厚不同，管材可以换算，其余不变；Ⅲ型穿墙管项目不包括风管本身。

工程量计算规则

一、通风机、风机箱安装按设计图示数量计算。离心式通风机减震台座安装依据风机不同型号，按设计图示数量计算。

二、各种调节阀制作、安装按设计图示数量计算。

三、LWP 型滤尘器制作、安装按设计图示尺寸以面积计算。

四、探头式含磷毒气及 γ 射线报警器安装按设计图示数量计算。

五、过滤吸收器、预滤器、除湿器等安装按设计图示数量计算。

六、密闭穿墙管制作、安装按设计图示数量计算。密闭穿墙管填塞按设计图示数量计算。

七、测压装置安装按设计图示数量计算。

八、换气堵头安装按设计图示数量计算。

九、波导窗安装按设计图示数量计算。

一、通风空调设备及部件安装
1.通风机安装

工作内容: 开箱检查设备、附件、底座螺栓,吊装、找平、找正、加垫、灌浆、螺栓固定。

单位:台

编 号			9-401	9-402
项 目			手摇电动两用风机	脚踏电动两用风机
预算基价	总 价(元)		**201.37**	**261.44**
	人 工 费(元)		198.45	257.85
	材 料 费(元)		2.92	3.59
组 成 内 容	单位	单价	数 量	
人工 综合工	工日	135.00	1.47	1.91
材料 硅酸盐水泥 42.5级	kg	0.41	2.98	3.58
砂子 中砂	t	86.14	0.008	0.010
碎石 0.5~3.2	t	82.73	0.012	0.015
水	m³	7.62	0.002	0.002

157

2.风机箱台座安装

工作内容：开箱、检查就位、安装、找正、找平、清理。

单位：台

编号			9-403	9-404	9-405	9-406
项目			风量（m³/h以内）			
			5000	10000	20000	30000
预算基价	总　　价(元)		**330.78**	**425.86**	**756.63**	**1095.49**
	人　工　费(元)		328.05	421.20	747.90	1082.70
	材　料　费(元)		2.73	4.66	8.73	12.79
组 成 内 容	单位	单价	数　　量			
人工	综合工	工日	135.00	2.43	3.12	5.54	8.02
材料	煤油	kg	7.49	0.15	0.30	0.52	0.74
	棉纱	kg	16.11	0.10	0.15	0.30	0.45

3.风机箱吊装

工作内容：开箱、检查就位、安装、找正、找平、清理。

单位：台

	编 号			9-407	9-408	9-409	9-410
	项 目			风量（m³/h以内）			
				5000	10000	20000	30000
预算基价	总 价(元)			**429.33**	**555.46**	**980.73**	**1420.84**
	人 工 费(元)			426.60	550.80	972.00	1408.05
	材 料 费(元)			2.73	4.66	8.73	12.79
	组 成 内 容	单位	单价	数 量			
人工	综合工	工日	135.00	3.16	4.08	7.20	10.43
材料	煤油	kg	7.49	0.15	0.30	0.52	0.74
	棉纱	kg	16.11	0.10	0.15	0.30	0.45

4.减震台座安装

工作内容：测位、校正、校平、安装、上螺栓、固定。

单位：座

编　号				9-411	9-412	9-413	9-414	9-415	9-416
项　目				4#	8#	10#	12#	16#	20#
预算基价	总　　　价(元)			**184.15**	**512.45**	**774.26**	**1030.03**	**1489.67**	**1952.04**
	人　工　费(元)			175.50	477.90	720.90	945.00	1337.85	1792.80
	材　料　费(元)			8.65	34.55	53.36	85.03	151.82	159.24
组 成 内 容		单位	单价	数　　　量					
人工	综合工	工日	135.00	1.30	3.54	5.34	7.00	9.91	13.28
材料	减震器	个	—	(4.00)(G1)	(4.00)(G2)	(4.00)(G2)	(6.00)(G2)	(4.00)(G4)	(4.00)(G4)
	精制六角带帽螺栓 M10×60	套	0.98	—	4.08	4.08	4.08	—	—
	精制六角带帽螺栓 M10×(80~130)	套	1.04	8.32	—	—	—	2.08	2.08
	精制六角带帽螺栓 M12×55	套	0.98	—	4.16	4.16	—	—	—
	精制六角带帽螺栓 M16×80	套	4.15	—	—	—	4.08	—	—
	精制六角带帽螺栓 M20×60	套	4.61	—	—	4.08	—	—	—
	精制六角带帽螺栓 M24×80	套	4.61	—	—	—	8.16	4.08	—
	精制六角带帽螺栓 M24×120	套	6.49	—	4.08	4.08	4.08	—	—
	精制六角带帽螺栓 M30×60以内	套	6.43	—	—	—	—	—	4.08
	精制六角带帽螺栓 M30×120	套	10.69	—	—	—	—	12.24	12.24

二、通风管道部件制作、安装
1. 排气阀门安装

工作内容：开箱检查、除污锈、紧螺栓、试动、涂防腐油。

单位：个

编　号				9-417	9-418	9-419	9-420	9-421	9-422
项　目				YF型自动防爆排气阀门 直径200		超压排气阀门 直径250		FCS防爆超压排气阀门 直径250	
				密闭套管 制作、安装	阀安装	密闭套管 制作、安装	阀安装	密闭套管 制作、安装	阀安装
预算基价	总　　价(元)			**113.75**	**395.27**	**114.89**	**517.35**	**205.24**	**557.63**
	人　工　费(元)			83.70	224.10	83.70	256.50	148.50	237.60
	材　料　费(元)			24.62	166.74	25.76	256.42	51.31	290.85
	机　械　费(元)			5.43	4.43	5.43	4.43	5.43	29.18
组成内容		单位	单价	数　　量					
人工	综合工	工日	135.00	0.62	1.66	0.62	1.90	1.10	1.76
材料	自动(防爆)排气阀门	个	—	—	(1.00)	—	(1.00)	—	(1.00)
	普碳钢板 Q195～Q235 δ2.0～2.5	t	4001.96	0.00456	0.00657	0.00479	0.00847	—	—
	热轧角钢 ＜60	t	3721.43	—	0.00210	—	—	—	—
	热轧扁钢 ＜59	t	3665.80	0.00119	—	0.00123	0.00290	0.00131	0.00143
	电焊条 E4303 D3.2	kg	7.59	0.22	0.23	0.23	0.24	0.20	0.08
	乙炔气	kg	14.66	0.015	—	0.015	—	0.080	0.065
	氧气	m³	2.88	0.04	—	0.04	—	0.21	0.17
	精制六角带帽螺栓 M10×75	套	0.76	—	0.0624	—	0.1248	—	0.0832
	石棉橡胶板 δ3～6	kg	15.68	—	0.85	—	1.78	—	2.63
	硅酸盐水泥 42.5级	kg	0.41	—	11.90	—	18.90	—	18.90
	石棉绒（综合）	kg	12.32	—	5.11	—	8.09	—	8.09
	油麻	kg	16.48	—	2.44	—	3.86	—	3.86
	黄干油	kg	15.77	—	0.60	—	0.70	—	0.70
	焊接钢管 DN300	m	139.39	—	—	—	—	0.31	—
	焊接钢管 DN250	m	125.39	—	—	—	—	—	0.48
机械	交流弧焊机 21kV·A	台班	60.37	0.09	0.06	0.09	0.06	0.09	0.47
	台式钻床 D16	台班	4.27	—	0.03	—	0.03	—	0.03
	法兰卷圆机 L40×4	台班	33.91	—	0.02	—	0.02	—	0.02

2.手动密闭阀门安装

工作内容： 开箱检查、除污锈、制法兰、定位、对口、校正、紧螺栓、试动、涂防腐油。

单位：个

编　号			9-423	9-424	9-425	9-426	9-427	9-428	9-429
项　目			直径（mm以内）						
			200	300	400	500	600	800	1000
预算基价	总　　　价（元）		**350.36**	**471.43**	**698.73**	**834.50**	**970.22**	**1391.26**	**1697.27**
	人　工　费（元）		263.25	353.70	531.90	585.90	689.85	950.40	1162.35
	材　料　费（元）		31.66	44.48	77.15	119.65	137.44	235.42	287.50
	机　械　费（元）		55.45	73.25	89.68	128.95	142.93	205.44	247.42
组　成　内　容		单位	单价	数　　量					
人工	综合工	工日	135.00	1.95	2.62	3.94	4.34	5.11	7.04	8.61
材料	手动密闭阀门	个	—	(1.00)	(1.00)	(1.00)	(1.00)	(1.00)	(1.00)	(1.00)
	热轧扁钢 ＜59	t	3665.80	0.00242	0.00414	0.00844	0.01668	0.01926	0.02922	0.03568
	石棉橡胶板 δ3～6	kg	15.68	0.66	0.80	1.38	1.66	1.72	2.32	2.90
	精制六角带帽螺栓 M8×75以内	套	0.59	0.1660	—	—	—	—	—	—
	精制六角带帽螺栓 M12×75以内	套	1.04	—	0.1872	0.2496	0.2496	0.2704	—	—
	精制六角带帽螺栓 M16×（61～80）	套	1.35	—	—	—	—	—	32.6400	40.8000
	电焊条 E4303 D3.2	kg	7.59	0.38	0.52	0.71	0.92	1.06	1.32	1.58
	黄干油	kg	15.77	0.60	0.80	1.20	1.60	2.00	2.40	2.80
机械	交流弧焊机 21kV·A	台班	60.37	0.43	0.64	0.79	0.88	1.01	1.73	2.09
	立式钻床 D50	台班	20.33	0.24	0.29	0.35	0.40	0.50	0.73	1.02
	普通车床 400×1000	台班	205.13	0.12	0.14	0.17	0.33	0.35	0.42	0.49

三、防 护 设 备

1.滤 尘 器

工作内容：放样、下料、制作框架零件、油槽、封板、浸油、找平、找正、稳固、包边、抹腻子。

单位：m²

编　号			9-430	9-431	9-432	9-433
项　目			LWP型滤尘器			
			立式	人字式	卧式	匣式
预算基价	总　价(元)		**351.24**	**539.58**	**608.86**	**1335.53**
	人 工 费(元)		238.95	344.25	417.15	1085.40
	材 料 费(元)		110.96	194.01	190.13	241.48
	机 械 费(元)		1.33	1.32	1.58	8.65
组 成 内 容	单位	单价	数　量			
人工 综合工	工日	135.00	1.77	2.55	3.09	8.04
材料 普碳钢板 Q195～Q235 δ1.0～1.5	t	3992.69	0.00370	0.01295	0.02170	—
普碳钢板 Q195～Q235 δ2.0～2.5	t	4001.96	—	0.02117	—	—
普碳钢板 Q195～Q235 δ2.6～3.2	t	3953.25	—	—	—	0.00920
热轧角钢 63	kg	3.67	4.26	8.50	—	—
热轧角钢 60	t	3767.43	0.01260	—	0.01600	0.04777
热轧扁钢 ＜59	t	3665.80	0.00330	0.00137	0.00342	0.00260
圆钢 D10～14	t	3926.88	—	—	—	0.00083
精制六角带帽螺栓 M6×75以内	套	0.30	—	0.208	—	—
精制六角带帽螺栓 M10×75	套	0.76	0.083	0.052	—	0.021
带母半圆头螺栓 M5×15	套	0.30	—	—	39.00	—
油毡纸	m²	0.67	0.25	0.66	—	—
铁铆钉	kg	9.22	0.07	0.20	—	0.38
电焊条 E4303 D3.2	kg	7.59	0.15	—	—	1.03
锭子油	kg	7.59	2.50	2.50	2.50	—
橡胶板 δ1～3	kg	11.26	—	—	—	0.09
机械 交流弧焊机 21kV·A	台班	60.37	0.01	—	—	0.11
台式钻床 D16	台班	4.27	0.17	0.31	0.37	0.47

2.毒气报警器

工作内容：放样、下料、制作框架零件、浸油、安装、找正、找平、固定、开箱检查、除污锈、上螺栓。

单位：台

	编　号			9-434	9-435
	项　目			探头式含磷毒气报警器	γ射线报警器
预算基价	总　价(元)			**175.92**	**97.55**
	人　工　费(元)			114.75	63.45
	材　料　费(元)			59.75	31.08
	机　械　费(元)			1.42	3.02
	组 成 内 容	单位	单价	数　　量	
人工	综合工	工日	135.00	0.85	0.47
材料	普碳钢板 Q195～Q235 δ4.5～7.0	t	3843.28	—	0.00053
	普碳钢板 Q195～Q235 δ8～15	t	3827.78	0.00603	—
	热轧角钢 ＜60	t	3721.43	0.00564	—
	精制六角带帽螺栓 M12×75以内	套	1.04	0.042	—
	合页	副	2.71	2.00	—
	乙炔气	kg	14.66	0.63	0.54
	氧气	m³	2.88	0.21	0.18
	电焊条 E4303 D3.2	kg	7.59	0.05	0.12
	焊接钢管 DN65	m	25.35	—	0.50
	焊接钢管 DN100	m	41.28	—	0.17
机械	交流弧焊机 21kV·A	台班	60.37	0.02	0.05
	台式钻床 D16	台班	4.27	0.05	—

164

3.过滤吸收器、预滤器、除湿器安装

工作内容: 开箱检查、基础面处理、测量、吊装就位、上垫铁、找正、找平、紧固地脚螺栓、垫铁点焊、现场清理、挂牌、标色。

单位:台

编 号				9-436	9-437	9-438	9-439	9-440	9-441
项 目				过滤吸收器				预滤器	除湿器
				61-300	81-300	61-500	77-500		
预算基价	总 价(元)			**252.67**	**101.20**	**251.86**	**252.78**	**250.91**	**1711.15**
	人 工 费(元)			211.95	85.05	211.95	211.95	211.95	1695.60
	材 料 费(元)			21.35	15.55	20.54	21.46	19.59	15.55
	机 械 费(元)			19.37	0.60	19.37	19.37	19.37	—
组 成 内 容		单位	单价	数 量					
人工	综合工	工日	135.00	1.57	0.63	1.57	1.57	1.57	12.56
材料	柔性接头 D156	个	—	—	—	—	(1.00)	—	—	—
	柔性接头 D200	个	—	—	(2.00)	—	(1.00)	(2.00)	(2.00)	—
	橡胶短接管 D150	个	—	—	—	(2.00)	—	—	—	—
	热轧角钢 ＜60	t	3721.43	0.00380	—	0.00360	0.00380	0.00380	—
	紫铜管 D4～13	kg	94.65	0.04	0.04	0.04	0.04	0.04	—
	橡皮管 DN6	m	4.98	0.20	—	0.20	—	0.20	—
	橡皮管 DN10	m	5.52	—	0.20	—	0.20	—	—
	电焊条 E4303 D2.5	kg	7.37	0.24	—	0.23	0.24	0.24	—
	铜焊丝	kg	66.41	0.006	0.006	0.006	0.006	0.006	—
	氧气	m³	2.88	0.024	0.024	0.024	0.024	0.024	—
	乙炔气	kg	14.66	0.009	0.009	0.009	0.009	0.009	—
	硼砂	kg	4.46	0.014	0.014	0.014	0.014	0.014	—
	连接箍 δ150	个	2.50	—	4.00	—	—	—	—
	棉纱	kg	16.11	—	—	—	—	—	0.500
	煤油	kg	7.49	—	—	—	—	—	1.000
机械	交流弧焊机 21kV·A	台班	60.37	0.24	0.01	0.24	0.24	0.24	—
	台式钻床 D16	台班	4.27	0.11	—	0.11	0.11	0.11	—
	法兰卷圆机 L40×4	台班	33.91	0.13	—	0.13	0.13	0.13	—

4.密闭穿墙管制作、安装

工作内容：放样、下料、卷圆、制直管、密闭肋。　　　　　　　　　　　　　　　　　　　　　　单位：个

编　号			9-442	9-443	9-444	9-445	9-446	9-447	9-448
项　目			密闭穿墙管Ⅰ型制作、安装（mm以内）			密闭穿墙管Ⅱ型制作、安装	密闭穿墙管Ⅲ型制作、安装（mm以内）		
			315	666	1242	DN20mm以内	349	700	1276
预算基价	总　价（元）		**135.94**	**242.23**	**438.32**	**73.90**	**116.50**	**189.70**	**324.37**
	人　工　费（元）		86.40	143.10	248.40	47.25	81.00	124.20	205.20
	材　料　费（元）		40.70	86.06	159.56	22.42	30.28	60.28	108.73
	机　械　费（元）		8.84	13.07	30.36	4.23	5.22	5.22	10.44
组　成　内　容	单位	单价	数　　　量						
人工	综合工	工日	135.00	0.64	1.06	1.84	0.35	0.60	0.92	1.52
材料	普碳钢板 Q195～Q235 δ2.0～2.5	t	4001.96	0.00855	0.01807	0.03370	—	0.00568	0.01140	0.02078
	普碳钢板 Q195～Q235 δ4.5～7.0	t	3843.28	—	—	—	0.0002	—	—	—
	热轧扁钢 ＜59	t	3665.80	0.00121	0.00257	0.00479	—	0.00150	0.00286	0.00507
	电焊条 E4303 D3.2	kg	7.59	0.27	0.57	0.94	0.01	0.27	0.55	0.92
	镀锌钢管 DN20	m	8.60	—	—	—	0.52	—	—	—
	螺纹截止阀 J11T-16 DN20	个	15.30	—	—	—	1.00	—	—	—
	乙炔气	kg	14.66	—	—	—	0.01	—	—	—
	氧气	m³	2.88	—	—	—	0.04	—	—	—
	镀锌弯头 DN20	个	1.54	—	—	—	1.00	—	—	—
机械	剪板机 6.3×2000	台班	238.00	0.02	0.02	0.04	—	0.02	0.02	0.04
	卷板机 2×1600	台班	230.33	0.002	0.002	0.004	—	0.002	0.002	0.004
	交流弧焊机 21kV•A	台班	60.37	0.06	0.13	0.33	0.07	—	—	—

5.密闭穿墙管填塞

工作内容：清理、放置钢筋、填填料。

单位：个

编　号			9-449	9-450	9-451
项　目			直径(mm以内)		
			349	700	1276
预算基价	总　　价(元)		**148.21**	**220.26**	**310.51**
	人　工　费(元)		120.15	163.35	206.55
	材　料　费(元)		28.06	56.91	103.96
组　成　内　容		单位	单价	数　　量	
人工	综合工	工日	135.00	0.89	1.21	1.53
材料	镀锌圆钢 *D*10~14	t	4798.48	0.00099	0.00201	0.00365
	黄干油	kg	15.77	0.59	1.20	2.19
	油麻	kg	16.48	0.85	1.72	3.15

6.测 压 装 置

工作内容：测压板制作、安装,测压装置安装。

单位：套

编　号				9-452
项　目				测压装置
预算基价	总　价(元)			**375.91**
	人　工　费(元)			357.75
	材　料　费(元)			18.16
组 成 内 容		单位	单价	数　量
人工	综合工	工日	135.00	2.65
材料	测压装置	套	—	(1.00)
	木材　方木	m³	2716.33	0.006
	熟桐油	kg	14.96	0.12
	圆钉 $D<5$	kg	6.49	0.01

168

7.换 气 堵 头

工作内容：堵头安装。

单位：个

编 号			9-453
项 目			换气堵头D315
预算基价	总 价(元)		205.65
	人 工 费(元)		137.70
	材 料 费(元)		67.95
组 成 内 容	单位	单价	数 量
人工 综合工	工日	135.00	1.02
材料 换气堵头 D315	个	—	(1.00)
精制六角带帽螺栓 M22×(90～120)	套	4.85	12.36
石棉橡胶板 中压 δ0.8～6.0	kg	20.02	0.40

8.波导窗安装

工作内容:找正、找平、固定。

单位:个

编 号				9-454
项 目				波导窗
预算基价	总 价(元)			**22.95**
	人 工 费(元)			22.95
组 成 内 容		单位	单价	数 量
人工	综合工	工日	135.00	0.17
材料	波导窗	个	—	(1.00)
	精制六角带帽螺栓 M(2~5)×(4~20)	套	0.06	0.06

附　　录

附录一 材料价格

说 明

一、本附录材料价格为不含税价格,是确定预算基价子目中材料费的基期价格。

二、材料价格由材料采购价、运杂费、运输损耗费和采购及保管费组成。计算公式如下:

采购价为供货地点交货价格:

$$材料价格 = (采购价 + 运杂费) \times (1 + 运输损耗率) \times (1 + 采购及保管费费率)$$

采购价为施工现场交货价格:

$$材料价格 = 采购价 \times (1 + 采购及保管费费率)$$

三、运杂费指材料由供货地点运至工地仓库(或现场指定堆放地点)所发生的全部费用。运输损耗指材料在运输装卸过程中不可避免的损耗,材料损耗率如下表:

材料损耗率表

材 料 类 别	损 耗 率
页岩标砖、空心砖、砂、水泥、陶粒、耐火土、水泥地面砖、白瓷砖、卫生洁具、玻璃灯罩	1.0%
机制瓦、脊瓦、水泥瓦	3.0%
石棉瓦、石子、黄土、耐火砖、玻璃、色石子、大理石板、水磨石板、混凝土管、缸瓦管	0.5%
砌块、白灰	1.5%

注:表中未列的材料类别,不计损耗。

四、采购及保管费是指为组织采购、供应和保管材料、工程设备的过程中所需要的各项费用。采购及保管费费率按0.42%计取。

五、附录中材料价格是编制期天津市建筑材料市场综合取定的施工现场交货价格,并考虑了采购及保管费。

六、采用简易计税方法计取增值税时,材料的含税价格按照税务部门有关规定计算,以"元"为单位的材料费按系数1.1086调整。

材料价格表

序号	材 料 名 称	规 格	单 位	单 价（元）
1	硅酸盐水泥	42.5级	kg	0.41
2	砂子	中砂	t	86.14
3	碎石	0.5～3.2	t	82.73
4	平板玻璃	$\delta3$	m²	19.91
5	油毡纸	—	m²	0.67
6	沥青油毡	350#	m²	3.83
7	玻璃丝	—	kg	5.65
8	玻璃丝布	$\delta0.2$	m²	3.12
9	石棉绒	（综合）	kg	12.32
10	矿渣棉	—	kg	0.58
11	超细玻璃棉毡	—	kg	6.92
12	预拌混凝土	AC15	m³	439.88
13	木材	方木	m³	2716.33
14	铸铁	—	kg	2.58
15	钢丝绳	D4.2	kg	6.67
16	圆钢	—	t	3875.42
17	圆钢	$D5.5～9.0$	t	3896.14
18	圆钢	$D8～14$	t	3911.00
19	圆钢	$D10～14$	t	3926.88
20	圆钢	$D15～24$	t	3894.21
21	圆钢	$D25～32$	t	3884.17
22	圆钢	$D>32$	t	3740.04
23	镀锌圆钢	$D10～14$	t	4798.48
24	镀锌角钢	<60	t	4593.04
25	热轧角钢	≤50×5	t	3752.16
26	热轧角钢	<60	t	3721.43
27	热轧角钢	60	t	3767.43
28	热轧角钢	63	t	3767.43
29	热轧角钢	>63	t	3649.53

序号	材料名称	规格	单位	单价（元）
30	热轧角钢	63	kg	3.67
31	热轧扁钢	<59	t	3665.80
32	热轧扁钢	>60	t	3677.90
33	热轧扁钢	<59	kg	3.66
34	热轧槽钢	$5^{\#} \sim 16^{\#}$	t	3587.47
35	普碳钢板	Q195~Q235 δ0.50~0.65	t	4097.25
36	普碳钢板	Q195~Q235 δ0.7~0.9	t	4087.34
37	普碳钢板	Q195~Q235 δ1.0~1.5	t	3992.69
38	普碳钢板	Q195~Q235 δ2.0~2.5	t	4001.96
39	普碳钢板	Q195~Q235 δ2.6~3.2	t	3953.25
40	普碳钢板	Q195~Q235 δ3.5~4.0	t	3945.80
41	普碳钢板	Q195~Q235 δ4.5~7.0	t	3843.28
42	普碳钢板	Q195~Q235 δ8~15	t	3827.78
43	普碳钢板	Q195~Q235 δ8~20	t	3843.31
44	普碳钢板	Q195~Q235 δ21~30	t	3614.76
45	普碳钢板	Q195~Q235 δ>31	t	4001.15
46	普碳钢板	δ0.5	m^2	18.98
47	镀锌薄钢板	δ0.75	m^2	27.53
48	镀锌薄钢板	δ0.7~0.9	t	4411.64
49	镀锌薄钢板	δ1.0~1.5	t	4382.09
50	铸铁垫板	—	kg	4.35
51	焊接钢管	DN15	t	3879.92
52	焊接钢管	DN25	t	3850.92
53	焊接钢管	DN65	m	25.35
54	焊接钢管	DN100	m	41.28
55	焊接钢管	DN150	t	3847.09
56	焊接钢管	DN250	m	125.39
57	焊接钢管	DN300	m	139.39
58	热轧无缝钢管	D203~245 δ7.1~12.0	t	4251.31

序号	材 料 名 称	规 格	单 位	单 价（元）
59	镀锌钢管	*DN*20	m	8.60
60	铝板	各种规格	kg	20.81
61	紫铜管	*D*4～13	kg	94.65
62	铜丝布	16目	m²	117.37
63	不锈钢扁钢	＜59	t	14505.30
64	不锈钢板	0Cr18Ni9Ti *δ*＜8	t	15477.15
65	圆钉	—	kg	6.68
66	圆钉	*D*＜5	kg	6.49
67	鞋钉	20	kg	9.15
68	泡钉	20	kg	9.15
69	开口销	1～5	个	0.11
70	圆锥销	3×18	个	0.30
71	酚醛塑料把手	BX32	个	1.41
72	合页	—	副	2.71
73	合页	＜75	个	2.84
74	镀锌钢丝网	*D*2.5×0.67×0.67～3×5×5	m²	12.55
75	低碳钢焊条	J422 *D*3.2	kg	3.60
76	软聚氯乙烯焊条	*D*4	kg	11.66
77	硬聚氯乙烯焊条	*D*4	kg	11.23
78	电焊条	E4303 *D*2.5	kg	7.37
79	电焊条	E4303 *D*3.2	kg	7.59
80	电焊条	E4303 *D*4	kg	7.58
81	不锈钢电焊条	奥102 *D*＜2.5	kg	40.67
82	不锈钢电焊条	奥102 *D*3.2	kg	40.67
83	气焊条	*D*＜2	kg	7.96
84	不锈钢氩弧焊丝	*D*3	kg	53.22
85	铝焊粉	—	kg	41.32
86	铝焊丝	*D*3	kg	47.38
87	铝焊丝	*D*4	kg	47.38

序号	材　料　名　称	规　格	单　位	单　价（元）
88	铜焊丝	—	kg	66.41
89	焊锡	—	kg	59.85
90	木螺钉	M4×65以内	个	0.09
91	木螺钉	M5×26	个	0.12
92	木螺钉	M6×100以内	个	0.18
93	半圆头螺钉	M4×6	个	0.09
94	自攻螺钉	M4×12	个	0.06
95	镀锌木螺钉	M6×100	个	0.33
96	花篮螺栓	M6×120	个	5.35
97	蝶形带帽螺栓	M12×18	套	1.08
98	精制蝶形带帽螺栓	M6×30	套	0.59
99	精制蝶形带帽螺栓	M8×30	套	0.67
100	精制蝶形带帽螺栓	M10×60	套	1.08
101	带母半圆头螺栓	M5×15	套	0.30
102	精制沉头螺栓	M10×20	套	0.42
103	精制六角螺栓	M6×25	个	0.12
104	精制六角螺栓	M8×20	个	0.24
105	精制六角螺栓	M10×25	个	0.33
106	精制六角带帽螺栓	M(2～5)×(4～20)	套	0.06
107	精制六角带帽螺栓	M6×(30～50)	10套	1.73
108	精制六角带帽螺栓	M6×75	套	0.95
109	精制六角带帽螺栓	M6×75以内	套	0.30
110	精制六角带帽螺栓	M8×(30～50)	10套	2.60
111	精制六角带帽螺栓	M8×75以内	套	0.59
112	精制六角带帽螺栓	M8×75	套	0.61
113	精制六角带帽螺栓	M10×60	套	0.98
114	精制六角带帽螺栓	M10×75以内	套	0.76
115	精制六角带帽螺栓	M10×75	套	0.76
116	精制六角带帽螺栓	M10×(80～130)	套	1.04

序号	材料名称	规格	单位	单价（元）
117	精制六角带帽螺栓	M10×260	套	2.02
118	精制六角带帽螺栓	M12×55	套	0.98
119	精制六角带帽螺栓	M12×75以内	套	1.04
120	精制六角带帽螺栓	M14×75以内	套	1.15
121	精制六角带帽螺栓	M16×80	套	4.15
122	精制六角带帽螺栓	M16×（61～80）	套	1.35
123	精制六角带帽螺栓	M20×60	套	4.61
124	精制六角带帽螺栓	M20×（101～150）	套	3.55
125	精制六角带帽螺栓	M24×80	套	4.61
126	精制六角带帽螺栓	M24×120	套	6.49
127	精制六角带帽螺栓	M30×60以内	套	6.43
128	精制六角带帽螺栓	M30×120	套	10.69
129	精制六角带帽螺栓	带垫M22×（90～120）	套	4.85
130	不锈钢六角带帽螺栓	M6×50以内	套	3.07
131	不锈钢六角带帽螺栓	M8×50以内	套	3.31
132	镀锌带母螺栓	M6×（16～25）	套	0.20
133	镀锌带母螺栓	M8×（16～25）	套	0.30
134	镀锌带母螺栓	M8×（30～60）	套	0.59
135	镀锌螺栓	M8×250	个	1.17
136	镀锌六角带帽螺栓	M8×75以内	套	0.43
137	铝六角带帽螺栓	M（6～10）×25	套	0.35
138	膨胀螺栓	M8	套	0.55
139	膨胀螺栓	M10	套	1.53
140	膨胀螺栓	M12	套	1.75
141	六角螺母	M8	个	0.12
142	六角螺母	M10	个	0.17
143	精制六角螺母	M6～10	个	0.09
144	精制六角螺母	M12～16	个	0.32
145	镀锌六角螺母	M12	个	0.03
146	镀锌六角螺母	M10	个	0.17

序号	材 料 名 称	规 格	单 位	单 价 （元）
147	铝蝶形螺母	M<12	个	0.33
148	铜蝶形螺母	M8	个	0.42
149	铝垫圈	M10～16	个	0.22
150	不锈钢垫圈	M10～12	个	0.59
151	垫圈	M2～8	个	0.03
152	垫圈	M10～20	个	0.14
153	弹簧垫圈	M2～10	个	0.03
154	镀锌垫圈	M2～12	个	0.09
155	镀锌弹簧垫圈	M10	个	0.09
156	紫铜铆钉	M2.5～6.0	个	0.11
157	铁铆钉	—	kg	9.22
158	镀锌铆钉	M4	kg	9.76
159	冲击钻头	D10～20	个	7.94
160	冲击钻头	D14	个	8.58
161	后扩底钻头	—	个	80.00
162	打包铁卡子	—	个	1.12
163	锯条	—	根	0.42
164	稀盐酸	—	kg	3.02
165	硝酸	—	kg	5.56
166	烧碱	—	kg	8.63
167	白粉	—	kg	1.23
168	氧气	—	m^3	2.88
169	乙炔气	—	kg	14.66
170	氩气	—	m^3	18.60
171	硼砂	—	kg	4.46
172	油灰	—	kg	2.94
173	乙醇	—	kg	9.69
174	401胶	—	kg	19.51
175	过氯乙烯胶液	—	kg	22.50
176	密封胶	KS型	kg	15.12

序号	材 料 名 称	规 格	单 位	单 价（元）
177	复合风管专用胶粘剂	—	kg	45.50
178	木炭	—	kg	4.76
179	煤油	—	kg	7.49
180	锭子油	—	kg	7.59
181	黄干油	—	kg	15.77
182	熟桐油	—	kg	14.96
183	铁砂布	$0^{\#}\sim2^{\#}$	张	1.15
184	白布	—	m²	10.34
185	棉纱	—	kg	16.11
186	白绸	—	m²	4.18
187	人造革	—	m²	17.74
188	帆布	—	m²	24.86
189	橡胶板	定型条	kg	13.05
190	橡皮管	DN6	m	4.98
191	橡皮管	DN10	m	5.52
192	聚氯乙烯薄膜	—	kg	12.44
193	软聚氯乙烯板	$\delta2\sim8$	kg	11.40
194	软聚氯乙烯板	$\delta4$	m²	53.28
195	硬聚氯乙烯板	$\delta2\sim30$	kg	12.29
196	硬聚氯乙烯板	$\delta6$	m²	93.45
197	硬聚氯乙烯板	$\delta8$	m²	122.87
198	硬聚氯乙烯板	$\delta12$	kg	11.60
199	硬聚氯乙烯板	$\delta14$	m²	221.95
200	硬聚氯乙烯棒	—	kg	14.03
201	聚酯乙烯泡沫塑料	—	kg	10.96
202	橡胶密封条	—	m	5.19
203	油麻	—	kg	16.48
204	水	—	m³	7.62
205	电	—	kW·h	0.73
206	闭孔乳胶海绵	$\delta5$	kg	29.00

序号	材 料 名 称	规 格	单 位	单 价 （元）
207	闭孔乳胶海绵	$\delta20$	m^2	29.32
208	打包带	—	kg	9.60
209	砂轮片	$D400$	片	19.56
210	尼龙砂轮片	$D400$	片	15.64
211	尼龙砂轮片	$D500\times25\times4$	片	18.69
212	弹簧夹	—	个	1.73
213	卡普隆纤维	—	kg	19.49
214	洗涤剂	—	kg	4.80
215	镀锌弯头	$DN20$	个	1.54
216	低碳钢管箍	$DN50$	个	5.92
217	连接箍	$\delta150$	个	2.50
218	镀锌丝堵堵头	$DN50$	个	3.40
219	螺纹截止阀	J11T-16 $DN20$	个	15.30
220	塑料胀塞	M6～9	套	0.38
221	石棉布	—	kg	27.24
222	石棉橡胶板	低压 $\delta0.8$～6.0	kg	19.35
223	石棉橡胶板	中压 $\delta0.8$～6.0	kg	20.02
224	石棉橡胶板	高压 $\delta1$～6	kg	23.57
225	石棉橡胶板	$\delta3$～6	kg	15.68
226	耐酸橡胶板	$\delta3$	kg	17.38
227	橡胶板	—	kg	11.26
228	橡胶板	$\delta1$～3	kg	11.26
229	橡胶板	$\delta4$～10	kg	10.66
230	橡胶板	$\delta4$～15	kg	10.83
231	橡塑保温套管	$d10$	m	6.43
232	镀锌风管角码	$\delta0.8$	个	0.91
233	镀锌风管角码	$\delta1.0$	个	1.14
234	镀锌圆钢吊杆	带4个螺母4个垫圈$D8$	根	9.15
235	顶丝卡	—	个	2.29
236	铝带	<59	kg	21.22

附录二　施工机械台班价格

说　明

一、本附录机械不含税价格是确定预算基价中机械费的基期价格,也可作为确定施工机械台班租赁价格的参考。

二、台班单价按每台班8小时工作制计算。

三、台班单价由折旧费、检修费、维护费、安拆费及场外运费、人工费、燃料动力费和其他费组成。

四、安拆费及场外运费根据施工机械不同分为计入台班单价、单独计算和不计算三种类型。

1.工地间移动较为频繁的小型机械及部分中型机械,其安拆费及场外运费计入台班单价。

2.移动有一定难度的特、大型(包括少数中型)机械,其安拆费及场外运费单独计算。单独计算的安拆费及场外运费除应计算安拆费、场外运费外,还应计算辅助设施(包括基础、底座、固定锚桩、行走轨道枕木等)的折旧、搭设和拆除等费用。

3.不需安装、拆卸且自身能开行的机械和固定在车间不需安装、拆卸及运输的机械,其安拆费及场外运费不计算。

五、采用简易计税方法计取增值税时,机械台班价格应为含税价格,以"元"为单位的机械台班费按系数1.0902调整。

施工机械台班价格表

序号	机 械 名 称	规 格 型 号	台班不含税单价 （元）	台班含税单价 （元）
1	汽车式起重机	8t	767.15	816.68
2	载货汽车	4t	417.41	447.36
3	载货汽车	5t	443.55	476.28
4	载货汽车	8t	521.59	561.99
5	卷扬机	单筒快速 10kN	197.27	200.85
6	卷扬机	单筒慢速 30kN	205.84	210.09
7	普通车床	400×1000	205.13	208.94
8	普通车床	630×1400	230.05	236.53
9	弓锯床	D250	24.53	26.55
10	牛头刨床	650	226.12	230.06
11	卧式铣床	400×1600	254.32	261.57
12	立式钻床	D35	10.91	12.23
13	立式钻床	D50	20.33	22.80
14	台式钻床	D16	4.27	4.80
15	剪板机	6.3×2000	238.00	243.63
16	卷板机	2×1600	230.33	235.07
17	法兰卷圆机	L40×4	33.91	37.07
18	砂轮切割机	D400	32.78	35.74
19	等离子切割机	400A	229.27	254.98
20	封口机	—	36.93	40.55
21	开槽机	—	223.12	243.25
22	咬口机	1.5	16.91	19.13
23	坡口机	2.8kW	32.84	35.78
24	折方机	4×2000	32.03	35.83
25	氩弧焊机	500A	96.11	105.49
26	交流弧焊机	21kV·A	60.37	66.66
27	直流弧焊机	20kW	75.06	83.12
28	电动空气压缩机	0.6m³/min	38.51	41.30
29	箱式加热炉	45kW	121.34	136.85

附录三 主要材料损耗率表

风管、部件板材损耗表

序 号	项 目	损耗率（%）	附 注	序 号	项 目	损耗率（%）	附 注
钢 板 部 分				18	圆形、方形直片散流器	45	综合厚度
1	咬口通风管道	13.8	综合厚度	19	流线形散流器	45	综合厚度
2	焊接通风管道	8	综合厚度	20	135型单层双层百叶风口	13	综合厚度
3	圆形阀门	14	综合厚度	21	135型带导流片百叶风口	13	综合厚度
4	方形、矩形阀门	8	综合厚度	22	圆伞形风帽	28	综合厚度
5	风管插板式风口	13	综合厚度	23	锥形风帽	26	综合厚度
6	网式风口	13	综合厚度	24	筒形风帽	14	综合厚度
7	单、双、三层百叶风口	13	综合厚度	25	筒形风帽滴水盘	35	综合厚度
8	连动百叶风口	13	综合厚度	26	风帽泛水	42	综合厚度
9	钢百叶窗	13	综合厚度	27	风帽筝绳	4	综合厚度
10	活动箅板式风口	13	综合厚度	28	升降式排气罩	18	综合厚度
11	矩形风口	13	综合厚度	29	上吸式侧吸罩	21	综合厚度
12	单面送吸风口	20	$\delta=0.7\sim0.9$	30	下吸式侧吸罩	22	综合厚度
13	双面送吸风口	16	$\delta=0.7\sim0.9$	31	上、下吸式圆形回转罩	22	综合厚度
14	单双面送吸风口	8	$\delta=1.0\sim1.5$	32	手锻炉排气罩	10	综合厚度
15	带调节板活动百叶送风口	13	综合厚度	33	升降式回转排气罩	18	综合厚度
16	矩形空气分布器	14	综合厚度	34	整体、分组、吹吸侧边侧吸罩	10.15	综合厚度
17	旋转吹风口	12	综合厚度	35	各型风罩调节阀	10.15	综合厚度

序　号	项　　目	损耗率（％）	附　注	序　号	项　　目	损耗率（％）	附　注
36	皮带防护罩	18	$\delta=1.5$	53	整体槽边侧吸罩	22	综合厚度
37	皮带防护罩	9.35	$\delta=4.0$	54	条缝槽边抽风罩（各型）	22	综合厚度
38	电动机防雨罩	33	$\delta=1\sim1.5$	55	塑料风帽（各种类型）	22	综合厚度
39	电动机防雨罩	10.6	$\delta=4$以外	56	插板式侧面风口	16	综合厚度
40	中、小型零件焊接工作台排气罩	21	综合厚度	57	空气分布器类	20	综合厚度
41	泥心烘炉排气罩	12.5	综合厚度	58	直片式散流器	22	综合厚度
42	各式消声器	13	综合厚度	59	柔性接口及伸缩节	16	综合厚度
43	空调设备	13	$\delta=1$以内	净化部分			
44	空调设备	8	$\delta=1.5\sim3$	60	净化风管	14.90	综合厚度
45	设备支架	4	综合厚度	61	净化铝板风口类	38	综合厚度
塑料部分				不锈钢板部分			
46	塑料圆形风管	16	综合厚度	62	不锈钢板通风管道	8	综合厚度
47	塑料矩形风管	16	综合厚度	63	不锈钢板圆形法兰	150	$\delta=4\sim10$
48	圆形蝶阀（外框短管）	16	综合厚度	64	不锈钢板风口类	8	$\delta=1\sim3$
49	圆形蝶阀（阀　板）	31	综合厚度	铝板部分			
50	矩形蝶阀	16	综合厚度	65	铝板通风管道	8	综合厚度
51	插板阀	16	综合厚度	66	铝板圆形法兰	150	$\delta=4\sim12$
52	槽边侧吸罩、风罩调节阀	22	综合厚度				

型钢及其他材料损耗率

序 号	项 目	损耗率（%）	序 号	项 目	损耗率（%）	序 号	项 目	损耗率（%）
1	型钢	4	15	乙炔气	18	29	混凝土	5
2	安装用螺栓（M12以内）	4	16	管材	4	30	塑料焊条	6
3	安装用螺栓（M12以外）	2	17	镀锌铁丝网	20	31	塑料焊条（编网格用）	25
4	螺母	6	18	帆布	15	32	不锈钢型材	4
5	垫圈（M12以内）	6	19	玻璃板	20	33	不锈钢带母螺栓	4
6	自攻螺钉、木螺钉	4	20	玻璃棉、毛毡	5	34	不锈钢铆钉	10
7	铆钉	10	21	泡沫塑料	5	35	不锈钢电焊条、焊丝	5
8	开口销	6	22	方木	5	36	铝焊粉	20
9	橡胶板	15	23	玻璃丝布	15	37	铝型材	4
10	石棉橡胶板	15	24	矿棉、卡普隆纤维	5	38	铝带母螺栓	4
11	石棉板	15	25	泡钉、鞋钉、圆钉	10	39	铝铆钉	10
12	电焊条	5	26	胶液	5	40	铝焊条、焊丝	3
13	气焊条	2.5	27	油毡	10	—	—	—
14	氧气	18	28	镀锌钢丝	1	—	—	—

附录四 风管、部件参数表

1.每单片导流片的近似面积见矩形弯管内每单片导流片面积表。

矩形弯管内每单片导流片面积表

规格 B（mm）	200	250	320	400	500	630	800	1000	1250	1600	2000
面 积（m²）	0.075	0.091	0.114	0.140	0.170	0.216	0.273	0.425	0.502	0.623	0.755

注：B为风管的高度。

2.在计算风管长度时,应减除的长度见风管部件长度表。

风管部件长度表

单位：mm

项 目	蝶 阀	止 回 阀	密闭式对开多叶调节阀	圆 形 风 管 防 火 阀	矩 形 风 管 防 火 阀
长 度 L	150	300	210	一般为300~380	一般为300~380

项 目	密 闭 式 斜 插 板 阀															
直 径 D	80	85	90	95	100	105	110	115	120	125	130	135	140	145	150	155
长 度 L	280	285	290	300	305	310	315	320	325	330	335	340	345	350	355	360
直 径 D	160	165	170	175	180	185	190	195	200	205	210	215	220	225	230	235
长 度 L	365	365	370	375	380	385	390	395	400	405	410	415	420	425	430	435
直 径 D	240	245	250	255	260	265	270	275	280	285	290	300	310	320	330	340
长 度 L	440	445	450	455	460	465	470	475	480	485	490	500	510	520	530	540

附录五　除尘设备质量表

名称	CLG 多管除尘器		CLS 水膜除尘器		CLT/A 旋风式除尘器		CLT/A 旋风式除尘器		XLP 旋风除尘器			卧式旋风水膜除尘器	
图号	T501		T503		T505		T505		84T513			CT531	
序号	型号	kg/个	尺寸 D	kg/个	尺寸 D	kg/个	尺寸 D	kg/个	尺寸 D	X型(kg/个)	Y型(kg/个)	尺寸 L/型号	kg/个
1	9管	300	315	83	300单筒	106	600单筒	432	300A 型	52	41	1420/1	193
2	12管	400	443	110	300双筒	216	600双筒	877	300B 型	46	35	1430/2	231
3	16管	500	570	190	350单筒	132	600三筒	1706	420A 型	94	76	1680/3	310
4			634	227	350双筒	280	600四筒	2059	420B 型	83	65	1980/4	405
5			730	288	350三筒	540	600六筒	3524	540A 型	151	122	2285/5	503
6			793	337	350四筒	615	650单筒	500	540B 型	134	105	2620/6	621
7			888	398	400单筒	175	650双筒	1062	700A 型	252	203	3140/7	969
8					400双筒	358	650三筒	2050	700B 型	222	173	3850/8	1224
9					400三筒	688	650四筒	2609	820A 型	346	278	4155/9	1604
10					400四筒	805	650六筒	4156	820B 型	309	242	4740/10	2481
11					400六筒	1428	700单筒	564	940A 型	450	366	5320/11	2926
12					450单筒	213	700双筒	1244	940B 型	397	312	3150/7	893
13					450双筒	449	700三筒	2400	1060A 型	601	460	3820/8	1125
14					450三筒	927	700四筒	3189	1060B 型	498	393	4235/9	1504
15					450四筒	1053	700六筒	4883				4760/10	2264
16					450六筒	1749	750单筒	645				5200/11	2636
17					500单筒	276	750双筒	1456					
18					500双筒	584	750三筒	2708					
19					500三筒	1160	750四筒	3626					
20					500四筒	1320	750六筒	5577					
21					500六筒	2154	800单筒	878					
22					550单筒	339	800双筒	1915					
23					550双筒	718	800三筒	3356					
24					550三筒	1394	800四筒	4411					
25					550四筒	1603	800六筒	6462					
26					550六筒	2672							

卧式旋风水膜除尘器尺寸栏注：1~11 为"檐板脱水"，7~11 为"旋风脱水"。

名 称	CLK 扩散式除尘器		CCJ/A 机组式除尘器		MC 脉冲袋式除尘器		XCX 型旋风除尘器		XNX 型旋风除尘器		XP 型旋风除尘器	
图 号	CT533		CT534		CT536		CT537		CT538		T501	
序 号	尺 寸 D	kg/个	型 号	kg/个	型 号	kg/个	尺 寸 D	kg/个	尺 寸 D	kg/个	尺 寸 D	kg/个
27	150	31	CCJ/A-5	791	24-I	904	200	20	400	62	200	20
28	200	49	CCJ/A-7	956	36-I	1172	300	36	500	95	300	39
29	250	71	CCJ/A-10	1196	48-I	1328	400	63	600	135	400	66
30	300	98	CCJ/A-14	2426	60-I	1633	500	97	700	180	500	102
31	350	136	CCJ/A-20	3277	72-I	1850	600	139	800	230	600	141
32	400	214	CCJ/A-30	3954	84-I	2106	700	184	900	288	700	193
33	450	266	CCJ/A-40	4989	96-I	2264	800	234	1000	456	800	250
34	500	330	CCJ/A-60	6764	120-I	2702	900	292	1100	546	900	307
35	600	585					1000	464	1200	646	1000	379
36	700	780					1100	553				
37							1200	653				
38							1300	761				

注：1.除尘器均不包括支架质量。
2.除尘器中分 X 型、Y 型或 I 型、II 型者,其质量按同一型号计算,不再细分。